技工院校工学一体化课程教学资源
技工院校数控加工专业工学一体化教材

简单零件钳加工
教师用书

主编◎崔兆华

中国劳动社会保障出版社

简介

本书为与技工院校数控加工专业《简单零件钳加工工作页》配套的教师用书，供教师在工学一体化教学中使用。

本书主要包括开瓶器的制作、錾口手锤的制作、对开夹板的制作三个学习任务及工作页答案、学习任务教学活动策划表。

图书在版编目（CIP）数据

简单零件钳加工教师用书 / 崔兆华主编 . -- 北京 : 中国劳动社会保障出版社，2025. --（技工院校工学一体化课程教学资源）（技工院校数控加工专业工学一体化教材）. -- ISBN 978-7-5167-6945-4

Ⅰ. TG9

中国国家版本馆 CIP 数据核字第 20250NZ727 号

简单零件钳加工教师用书

JIANDAN LINGJIAN QIANJIAGONG JIAOSHI YONGSHU

中国劳动社会保障出版社出版发行

（北京市惠新东街 1 号　邮政编码：100029）

*

三河市华骏印务包装有限公司印刷装订　　新华书店经销

880 毫米 ×1230 毫米　16 开本　10 印张　246 千字

2025 年 7 月第 1 版　　2025 年 7 月第 1 次印刷

定价：33.00 元

营销中心电话：400-606-6496

出版社网址：https://www.class.com.cn

https://jg.class.com.cn

技工院校工学一体化课程教学资源
技工院校数控加工专业工学一体化教材

开发院校

牵头院校：临沂市技师学院
参与院校：开封技师学院　江苏省常州技师学院

指导专家

陈立群　杨伟波　孙晓华　张　良　史永利

本书编审人员

主　　编：崔兆华
参　　编：夏兆纪　王　蕾　孙喜兵　刘　帆　崔人凤
主　　审：邵明玲

序

技工教育的本质是就业教育，其最显著的特征是职业性，其最好的培养模式就是“在工作中学习、在学习中工作”。培育大批高技能人才，既要适应新一轮科技革命和产业变革的需要，也要遵循技能人才成长发展规律，创新技能人才培养方式。推进工学一体化技能人才培养模式改革是推进校企融合、提质培优的重要途径，是技工院校服务制造业和实体经济发展的务实举措。

2009 年，人力资源社会保障部办公厅印发了《技工院校一体化课程教学改革试点工作方案》，分三批在部分技工院校试点开展工学一体化课程教学改革工作，到 2021 年已经覆盖 31 个专业 191 所部级试点院校。经过十多年的发展，理念得到认同、试点不断扩大、学生学习兴趣明显提高，取得了显著成效。2022 年 3 月，人力资源社会保障部印发《推进技工院校工学一体化技能人才培养模式实施方案》，提出在全国技工院校大力推进工学一体化技能人才培养模式，实现百个专业、千所院校、万名教师的“百千万”工作目标，以促进技工院校人才培养模式变革、提升技能人才培养质量、带动形成技工院校改革创新新局面。

新一轮工学一体化课程教学改革开展聚焦“课程标准”“课程资源”“教师培养”三项重点工作，为持续推进技工院校工学一体化技能人才培养模式实施奠定了坚实基础。印发《〈国家技能人才培养工学一体化课程标准〉开发技术规程》，出版《工学一体化课程开发指导手册》，分三阶段指引完成 103 个专业国家技能人才培养工学一体化课程标准与课程设置方案开发；编制《工学一体化课程教学资源开发指南》，开发第一批 14 个专业 37 门课程工学一体化课程教学资源；印发《技工院校工学一体化教师培训标准》，出版《工学一体化教师培训指导手册》，依托工学一体化教师培训基地培育师资队伍；印发《技工院校工学一体化课堂、课程、专业、院校建设标准》，出版《工学一体化课程教学实施指导手册》，指引 1 000 所技工院校对标开展工学一体化优质课堂、精品课程、示范专业、骨干院校的建设工作，实现以评促建的目标。

教材建设是教学改革成果固化的重要载体。本次工学一体化课程教学资源按照工作逻辑呈现实践、理论知识和素养，遵循工作过程六步法，从工作向“工作 + 学习”融合，通过引导问题层层递进，实现“输入—内化—输出—考核”的学习闭环，突出学生心智技能和思维的培养，强调学生个人成长的积累。近年来，通过指导专家、几百位试点院校的骨干教师以及编辑团队共同努力，产出了教学指导用书、工作页及答案、信息页及数字资源等形式的系列教材学材，以满足技工院校的教学使用需求。

本系列教材及配套资源的出版，不仅是对本轮技工院校工学一体化技能人才培养模式改革工作的阶段性总结，也是打通从课程标准到课堂实施最后一公里的全新尝试，意义深远。希望全国技工院校将推行工学一体化技能人才培养模式作为创新人才培养模式、提高人才培养质量的重要抓手，为加快培养具有良好工作思维与习惯、自主学习意识与能力、精湛专业技艺与技能的复合型技能人才作出新的更大贡献！

技工教育和职业培训教学指导委员会

2025 年 4 月

目　录

学习任务一　开瓶器的制作

任务描述

【任务情景】公司餐厅需要制作图 1-1 所示的开瓶器，数量为 30 件，毛坯为 130 mm × 50 mm × 2 mm 的板料，材料为 Q235，工期为 5 天。生产主管计划由钳工组完成加工任务。

【任务要求】开瓶器表面要求光洁、美观、无毛刺。在制作过程中，严格按照工艺文件流程进行制作，遵守钳工车间安全生产制度和操作规范。

【任务资料】开瓶器生产任务单、开瓶器零件图、开瓶器加工工艺过程卡、领料单、工量刃具借（还）交接单、开瓶器质量检测表、产品交接单等。

观看开瓶器的制作微课，明确任务内容。

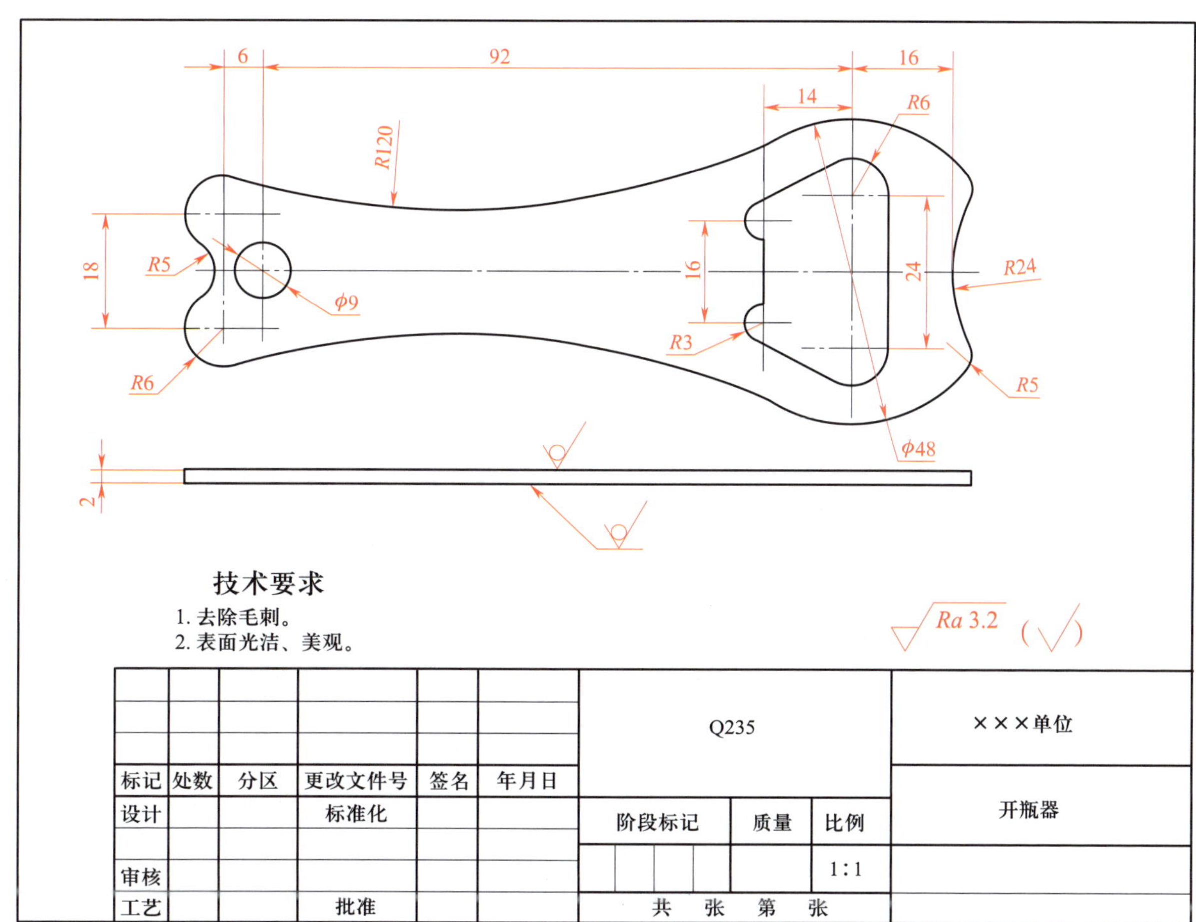

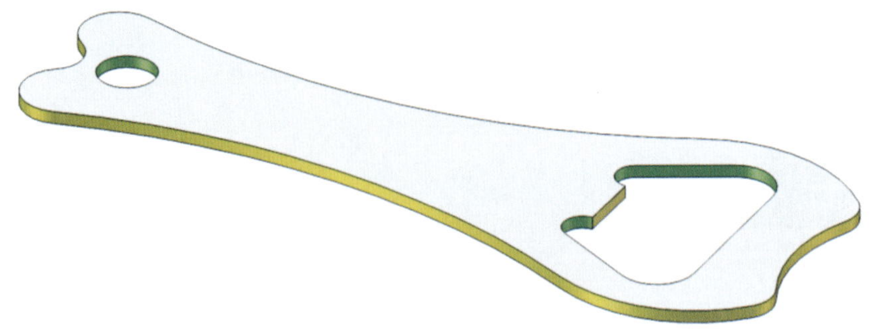

图 1-1　开瓶器

学习目标及学时

序号	学习环节	学时	学习目标
1	接受工作任务	4	能依据信息页等资料，正确识读生产任务单和开瓶器零件图，准确获取工作任务、零件尺寸和加工质量等信息
2	确定加工步骤	2	能在教师指导下，根据任务要求，制订合理的工作进度计划；能正确阅读开瓶器加工工艺过程卡，明确开瓶器加工步骤
3	加工准备	16	能在教师指导下，通过查阅信息页或观看操作视频，确定制作开瓶器的划线步骤、锯削方法、孔的加工方法、錾削方法、锉削方法
4	制作开瓶器	10	能依据开瓶器加工步骤，正确领取工量刃具，严格遵守钳工安全操作规程，完成开瓶器的制作
5	零件检测与加工质量分析	4	能按产品质量检验单要求，应用游标卡尺和半径样板等通用量具完成开瓶器加工质量检测，并进行产品质量分析及方案优化
6	工作总结与评价	4	能使用专业术语讲述任务完成情况，记录评价和改进建议，总结工作经验，优化加工策略，规范地撰写工作总结

学习路径

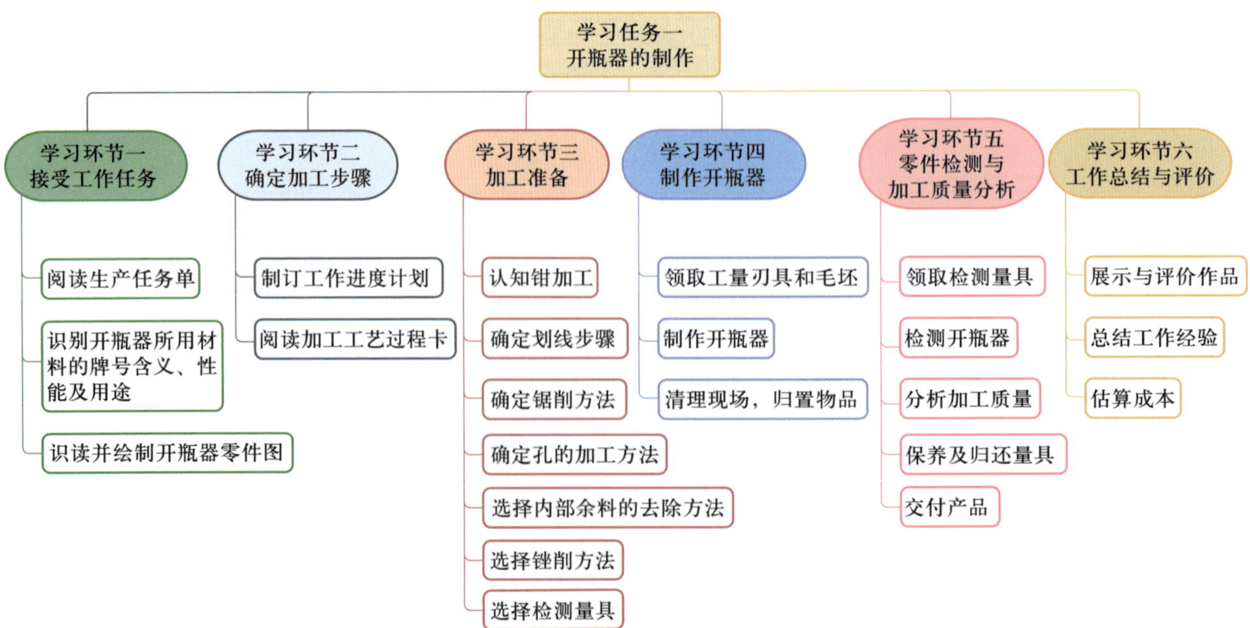

学习环节一　接受工作任务

学习目标

1. 能在教师指导下，从生产主管处领取并正确阅读生产任务单，准确获取零件名称、制作材料、零件数量和完成时间等任务信息。

2. 能在教师指导下，查阅信息页等资料，正确描述开瓶器所用材料的牌号含义、性能及用途。

3. 能在教师指导下，查阅信息页等资料，正确识读开瓶器零件图，准确获取开瓶器尺寸精度、质量要求等加工信息。

4. 能在教师指导下，确定开瓶器零件图的绘制步骤，正确、规范地绘制出开瓶器零件图。

建议学时

4 学时

学习要求

序号	学习步骤	学习内容	学时	备注
1	阅读生产任务单	生产任务信息的收集与提取	1	
2	识别开瓶器所用材料的牌号含义、性能及用途	碳素结构钢	1	
3	识读并绘制开瓶器零件图	1. 制图基本知识（图幅、标题栏、图线等） 2. 尺寸注法	2	

学习步骤

一、阅读生产任务单

（一）领取生产任务单

从生产主管处领取开瓶器生产任务单（表 1-1）。

表 1-1　　开瓶器生产任务单

单　　号：			开单时间：　　　年　　月　　日　　时
开单部门：			开 单 人：
接 单 人：	部	组	签　　名：

续表

<table>
<tr><td colspan="5">以下由开单人填写</td></tr>
<tr><td>序号</td><td>产品名称</td><td>材料</td><td>数量</td><td>技术标准、质量要求</td></tr>
<tr><td>1</td><td>开瓶器</td><td>Q235</td><td>30</td><td>按图样要求</td></tr>
<tr><td>2</td><td></td><td></td><td></td><td></td></tr>
<tr><td>3</td><td></td><td></td><td></td><td></td></tr>
<tr><td>4</td><td></td><td></td><td></td><td></td></tr>
<tr><td colspan="2">任务细则</td><td colspan="3">1. 到仓库领取相应的材料
2. 根据现场情况选用合适的工具、量具和设备
3. 根据加工工艺进行加工，交付检验
4. 填写生产任务单，清理工作场地，完成工具、量具和设备的维护与保养</td></tr>
<tr><td colspan="2">任务类型</td><td>☑钳加工</td><td>完成工时</td><td>40 h</td></tr>
<tr><td colspan="5">以下由开单人填写</td></tr>
<tr><td colspan="2">领取材料</td><td></td><td colspan="2" rowspan="2">仓库管理员（签名）

年　月　日</td></tr>
<tr><td colspan="2">领取工具、量具</td><td></td></tr>
<tr><td colspan="2">完成质量
（小组评价）</td><td></td><td colspan="2">班组长（签名）

年　月　日</td></tr>
<tr><td colspan="2">用户意见
（教师评价）</td><td></td><td colspan="2">用户（签名）

年　月　日</td></tr>
<tr><td colspan="2">改进措施
（反馈改良）</td><td colspan="3"></td></tr>
</table>

注：生产任务单与零件图、加工工艺过程卡一起领取。

（二）获取生产任务信息

1. 阅读生产任务单，将零件名称、制作材料、零件数量和完成时间填入表 1–2 中。

表 1–2　　生产任务信息

零件名称	开瓶器	制作材料	Q235
零件数量	30	完成时间	40 h

2. 按照被加工金属在加工时的状态不同，机械制造通常分为热加工和冷加工两大类。每一类加工可按从事工作的特点分为不同的职业（工种）。与教师进行交流，了解机械制造的主要职业（工种）及其特点。

答：（1）金属热加工工种主要有铸造工、锻造工和焊工等，每个工种的特点如下。

铸造工：将金属经高温熔化后注入大小和形状不同的铸型中成型，冷却后形成毛坯或零件。

锻造工：利用锻造、冲压设备，在高温下，用锤打、挤压和冲压的方式使金属成型，形成毛坯或零件。有些毛坯和零件也可在常温下加工。

焊工：利用焊接或气割设备对金属材料进行焊接或切割加工。

（2）金属冷加工工种主要有钳工、车工、铣工、磨工等，每个工种的特点如下。

钳工：利用手动工具完成金属零部件的加工、装配和调整。

车工：利用车床加工工件的各种回转表面，如内外圆柱面、圆锥面、成形回转表面，还可加工端面等。

铣工：利用铣床加工工件的平面或曲面，如凸轮、键槽、齿轮等。

磨工：利用磨床对工件的平面、外圆和内孔等进行精加工。

3. 开瓶器由哪个生产班组进行加工？

答：开瓶器生产数量为 30 件，属于小批量生产，可安排钳工组进行手工加工。批量大时，可应用冲压设备进行加工。

二、识别开瓶器所用材料的牌号含义、性能及用途

由表 1–1 生产任务单可知制作开瓶器的材料牌号为 Q235。查阅信息页，识别开瓶器所用材料的牌号含义、性能及用途。

1. Q235 是一种常见的金属材料，属于碳素结构钢，牌号中的字母 Q 表示什么？数字 235 表示什么？ Q235 具有哪些特性和用途？

答：字母 Q 表示碳素结构钢的屈服强度，数字 235 表示这种材料的屈服强度在 235 MPa 左右。Q235 具有一定的强度，良好的塑性、韧性和焊接性，一定的冷冲压性能和良好的冷弯性能。Q235 主要用于制作金属结构件和心部强度要求不高的渗碳或碳氮共渗零件，如拉杆、连杆、吊钩、车钩、螺栓、螺母、套筒、轴和焊接件等，其中 C、D 级用于重要的焊接结构。

2. 机械零件或工具在使用过程中往往要受到各种形式外力的作用，这就要求金属材料必须具有一种承受机械载荷而不超过许可变形或不被破坏的能力，这种能力就是材料的力学性能。在金属材料领域，常用哪些性能指标来衡量材料的力学性能呢？

答：衡量金属材料力学性能的指标有强度、塑性、硬度、冲击韧性和疲劳强度等。金属材料在静载荷作用下抵抗塑性变形或断裂的能力称为强度。金属材料断裂前产生永久变形的能力称为塑性。金属材料抵抗局部变形，特别是塑性变形、压痕或划痕的能力称为硬度。金属材料抵抗冲击载荷作用而不产生破坏的能力称为冲击韧性。金属材料抵抗交变载荷作用而不产生破坏的能力称为疲劳强度。

3. Q235 能否满足开瓶器的使用性能要求？

答：开瓶器主要用于开启瓶盖，扭矩一般为 1 ~ 10 N · m，受力相对较小，因此 Q235 能满足开瓶器的使用性能要求。

三、识读并绘制开瓶器零件图

（一）识读开瓶器零件图

查阅信息页，识读开瓶器零件图，回答下列问题。

1. 国家标准《技术制图　图纸幅面和格式》（GB/T 14689—2008）规定了 A0、A1、A2、A3、A4 五种基本幅面。查阅国家标准，明确五种基本幅面的幅面尺寸和周边尺寸，填入表 1-3 中。根据开瓶器轮廓尺寸和视图类型，确定绘制开瓶器零件图的幅面。

表 1-3　基本幅面尺寸　mm

<table>
<tr><th>幅面代号</th><th>A0</th><th>A1</th><th>A2</th><th>A3</th><th>A4</th></tr>
<tr><td>尺寸 $B \times L$</td><td>841 × 1 189</td><td>594 × 841</td><td>420 × 594</td><td>297 × 420</td><td>210 × 297</td></tr>
<tr><td>c</td><td colspan="3">10</td><td colspan="2">5</td></tr>
<tr><td>a</td><td colspan="5">25</td></tr>
<tr><td>e</td><td colspan="2">20</td><td colspan="3">10</td></tr>
</table>

答：开瓶器零件图主要绘制了主视图，由图可知，开瓶器的长为 123 mm，宽为 48 mm，其他文字说明也比较少，采用 A4 图幅即能满足绘制要求。

2. 图 1–1 右下角的表格在机械制图中称为标题栏，它包含了哪些信息？其格式和尺寸应按哪个国家标准绘制？

答：标题栏包含了零件名称、所用材料、图形比例、图号、单位名称和设计、审核、工艺、批准等相关人员的签字等信息，其格式和尺寸按国家标准《技术制图　标题栏》（GB/T 10609.1—2008）绘制。

3. 在绘制开瓶器零件图时，采用了粗实线、细实线、细点画线等线型，这些线型分别代表什么信息？

答：（1）粗实线表示可见轮廓线。

（2）细实线表示尺寸线、尺寸界线、剖面线、重合断面的轮廓线、过渡线等。

（3）细点画线表示轴线和中心线。

4. 在绘制图形时，需要确定零件图的定位尺寸和定形尺寸。仔细阅读开瓶器零件图，图中哪些尺寸是定位尺寸？哪些尺寸是定形尺寸？

答：定位尺寸有 18 mm、6 mm、92 mm、14 mm、16 mm（2 处）、24 mm。

定形尺寸有 *R*5 mm（3 处）、*R*6 mm（4 处）、*R*3 mm（2 处）、*R*24 mm、*R*120 mm、ϕ9 mm、ϕ48 mm。

5. 图 1–1 所示图样左侧 *R*5 mm 圆弧与 *R*6 mm 圆弧是什么关系？绘图时先绘制 *R*5 mm 圆弧还是 *R*6 mm 圆弧？

答：图 1–1 所示图样左侧 *R*5 mm 圆弧与 *R*6 mm 圆弧是外切关系。绘制时先根据 6 mm 和 18 mm 两个定位尺寸绘制两个 *R*6 mm 圆弧，再根据相切关系绘制 *R*5 mm 圆弧。

6. 图 1–1 所示图样右侧 *R*5 mm 圆弧与 ϕ48 mm 圆弧是什么关系？*R*5 mm 圆弧与 *R*24 mm 圆弧是什么关系？如何绘制 *R*5 mm 圆弧？

答：图 1–1 所示图样右侧 *R*5 mm 圆弧与 ϕ48 mm 圆弧是内切关系，*R*5 mm 圆弧与 *R*24 mm 圆弧是外切关系。绘制 *R*5 mm 圆弧时，首先绘制 ϕ48 mm 圆弧；其次根据定位尺寸 16 mm 绘制 *R*24 mm 圆弧；最后以 ϕ48 mm 圆弧的圆心为圆心绘制 *R*19 mm 圆弧，以 *R*24 mm 圆弧的圆心为圆心绘制 *R*29 mm 圆弧，两圆弧的交点即为 *R*5 mm 圆弧的圆心，以此点为圆心即可绘制出 *R*5 mm 圆弧。

7. 如何绘制图 1–1 中的 *R*120 mm 圆弧？

答：由于给出的板料宽度尺寸较小，*R*120 mm 圆弧的圆心在工件之外，需要通过借料来绘制 *R*120 mm 圆弧。绘制时，以 *R*6 mm 圆弧的圆心为圆心，以 126 mm 为半径画弧，再以 ϕ48 mm 圆弧的圆心为圆心，以 144 mm 为半径画弧，两圆弧的交点即为 *R*120 mm 圆弧的圆心，以此点为圆心即可绘制出 *R*120 mm 圆弧。

（二）绘制开瓶器零件图

按照原图抄画开瓶器零件图（可附图纸，粘贴于此）。

学习环节二　确定加工步骤

学习目标

1. 能在教师指导下，根据工作任务要求，以小组合作方式制订合理的工作进度计划，并根据小组成员的特点进行分工。

2. 能在教师指导下，查阅信息页等资料，准确识读开瓶器加工工艺过程卡，获取工序信息，确定开瓶器的加工步骤。

3. 能通过识读开瓶器加工工艺过程卡，获取制作开瓶器每个工序的名称、所用设备和工艺装备等信息。

4. 能通过识读开瓶器加工工艺过程卡，获取加工开瓶器内外轮廓的加工步骤。

建议学时

2 学时

学习要求

序号	学习步骤	学习内容	学时	备注
1	制订工作进度计划	工作进度计划	0.5	
2	阅读加工工艺过程卡	1. 生产过程与工艺过程 2. 加工工艺过程卡	1.5	

学习步骤

一、制订工作进度计划

根据生产任务工时和要求，在教师的指导下，制订合理的工作进度计划（表 1–4），并根据小组成员的特点进行分工。

表 1–4　　工作进度计划

序号	工作内容	时间	成员	负责人
1	确定加工步骤			

续表

序号	工作内容	时间	成员	负责人
2	加工准备			
3	制作开瓶器			
4	零件检测与加工质量分析			
5	工作总结与评价			

二、阅读加工工艺过程卡

（一）获取开瓶器加工工艺信息

阅读开瓶器加工工艺过程卡（表 1–5），查阅信息页，回答下列问题。

表 1–5　　开瓶器加工工艺过程卡

<table>
<tr><td colspan="3" rowspan="2">加工工艺过程卡</td><td colspan="2">产品型号</td><td colspan="3"></td><td colspan="2">零（部）件图号</td><td colspan="5"></td></tr>
<tr><td colspan="2">产品名称</td><td colspan="3"></td><td colspan="2">零（部）件名称</td><td colspan="2">开瓶器</td><td>共　页</td><td colspan="2">第　页</td></tr>
<tr><td>材料牌号</td><td>Q235</td><td>毛坯种类</td><td>板料</td><td colspan="2">毛坯外形尺寸</td><td colspan="3">130 mm × 50 mm × 2 mm</td><td>每毛坯可制件数</td><td>1</td><td>每台件数</td><td></td><td>备注</td><td></td></tr>
<tr><td rowspan="2">工序号</td><td rowspan="2">工序名称</td><td colspan="5" rowspan="2">工序内容</td><td rowspan="2">车间</td><td rowspan="2">工段</td><td rowspan="2">设备</td><td colspan="3" rowspan="2">工艺装备</td><td colspan="2">工时</td></tr>
<tr><td>单件</td><td>最终</td></tr>
<tr><td>1</td><td>划线</td><td colspan="5">划出开瓶器轮廓线和锯削加工线</td><td>钳加工</td><td></td><td>—</td><td colspan="3">平板、划针、划规、钢直尺、游标卡尺、游标高度卡尺、样冲、锤子等</td><td></td><td></td></tr>
<tr><td>2</td><td>钻孔</td><td colspan="5">钻 ϕ9 mm 孔，钻 2 个 ϕ6 mm 孔和 2 个 ϕ12 mm 工艺孔，钻去料排孔（用 ϕ3 mm 麻花钻）</td><td>钳加工</td><td></td><td>台式钻床</td><td colspan="3">ϕ9 mm、ϕ6 mm、ϕ12 mm、ϕ3 mm 麻花钻</td><td></td><td></td></tr>
<tr><td>3</td><td>錾削</td><td colspan="5">錾掉内轮廓余料</td><td>钳加工</td><td></td><td>台虎钳</td><td colspan="3">锤子、扁錾</td><td></td><td></td></tr>
<tr><td>4</td><td>锉削</td><td colspan="5">锉削内轮廓</td><td>钳加工</td><td></td><td>台虎钳</td><td colspan="3">扁锉、半圆锉、圆锉、钢直尺、游标卡尺、半径样板</td><td></td><td></td></tr>
<tr><td>5</td><td>锯削</td><td colspan="5">沿锯削加工线锯掉多余边料</td><td>钳加工</td><td></td><td>台虎钳</td><td colspan="3">手锯</td><td></td><td></td></tr>
</table>

续表

工序号	工序名称	工序内容	车间	工段	设备	工艺装备	工时	
							单件	最终
6	锉削	锉削外轮廓	钳加工		台虎钳	扁锉、半圆锉、圆锉、钢直尺、游标卡尺、半径样板		
7	检验	按图样尺寸和质量要求检验工件	检验室		—	平板、钢直尺、游标卡尺、半径样板		

										设计（日期）	审核（日期）	标准化（日期）	会签（日期）
标记	处数	更改文件号	签字	日期	标记	处数	更改文件号	签字	日期				

1. 查阅信息页，学习加工工艺过程卡的概念，明确加工工艺过程卡主要包括哪些内容。

答：加工工艺过程卡简称过程卡或路线卡，它是以工序为单位说明一个零件全部加工过程的工艺卡片。这种卡片包括零件各个工序的名称、工序内容、经过的车间和工段、所用的设备和工艺装备、工时定额等，主要用于单件、小批量生产的管理。

2. 由表 1–5 可知，制作开瓶器需要经过 7 道工序。查阅信息页，学习工序的概念，明确工序划分的依据。

答：一个或一组工人，在一个工作地对一个或同时对几个工件所连续完成的那一部分工艺过程称为工序。划分工序的依据是工作地是否发生变化和工作是否连续。

3. 阅读开瓶器加工工艺过程卡，明确开瓶器所用的毛坯种类和毛坯外形尺寸。

答：毛坯种类为板料，毛坯外形尺寸为 130 mm × 50 mm × 2 mm。

4. 制作开瓶器用到的设备有哪些？

答：制作开瓶器用到的设备有台式钻床、台虎钳。

5. 划线时用到的工艺装备有哪些？

答：划线时用到的工艺装备有平板、划针、划规、钢直尺、游标卡尺、游标高度卡尺、样冲、锤子等。

（二）确定开瓶器加工步骤

1. 开瓶器各工序主要加工内容有哪些？

答：加工开瓶器共有 7 道工序，依次为划线、钻孔、錾削、锉削、锯削、锉削、检验。其中，工序 1 的内容是划出开瓶器轮廓线和锯削加工线；工序 2 的内容是钻 1 个 ϕ9 mm 孔、2 个 ϕ6 mm 孔、2 个 ϕ12 mm 工艺孔，钻 ϕ3 mm 去料排孔；工序 3 的内容是錾掉内轮廓余料；工序 4 的内容是锉削内轮廓；工序 5 的内容是沿锯削加工线锯掉多余边料；工序 6 的内容是锉削外轮廓；工序 7 的内容是按图样尺寸和质量要求检验工件。

2. 加工开瓶器内轮廓需要经过哪几个步骤？

答：加工开瓶器内轮廓需要经过划线、钻孔、錾削和锉削四个步骤。

3. 加工开瓶器外轮廓需要经过哪几个步骤？

答：加工开瓶器外轮廓需要经过划线、锯削和锉削三个步骤。

学习环节三　加 工 准 备

学习目标

1. 能在教师指导下，查阅信息页或观看操作视频，明确钳工的定义，熟悉钳工工作特点和主要工作任务。

2. 能与教师进行专业沟通，正确识别钳工常用设备、工具和量具，并准确描述其用途。

3. 能通过查阅信息页等资料，准确描述企业对钳工工作的安全文明生产要求。

4. 能在教师指导下，通过查阅信息页或观看操作视频，确定制作开瓶器的划线步骤、锯削方法、孔的加工方法、錾削方法、锉削方法。

5. 能在教师指导下，规范应用游标卡尺和半径样板测量长度尺寸和圆弧半径。

建议学时

16 学时

学习要求

序号	学习步骤	学习内容	学时	备注
1	认知钳加工	1. 钳工岗位认知 2. 钳工常用设备认知 3. 钳工常用工具认知 4. 钳工常用量具认知	4	
2	确定划线步骤	划线基础知识及划线操作	2	
3	确定锯削方法	锯削基础知识及锯削操作	2	
4	确定孔的加工方法	钻孔基础知识及钻孔方法	2	
5	选择内部余料的去除方法	錾削基础知识及錾削方法	2	
6	选择锉削方法	锉削基础知识及锉削方法	2	
7	选择检测量具	1. 游标卡尺的应用 2. 半径样板的应用	2	

学习步骤

一、认知钳加工

（一）认识钳工岗位

1. 查阅信息页，学习钳工的概念，明确钳工名称的由来。

答：钳工是使用钳工工具或设备，以手工操作的方法为主，对工件进行加工的一个工种，因常在钳台上用台虎钳夹持工件进行操作而得名。

2. 在机械制造过程中，钳工主要从事哪些工作？它具有哪些特点？

答：在机械制造过程中，一般采用其他机械加工方法不太适宜或难以解决的工作，都要由钳工来完成，如零件加工中的划线、配刮、研磨等。钳工的特点是以手工操作为主，灵活性强，工作范围广泛，技术要求高，操作者的技能水平对产品质量的影响大。

3. 查阅信息页，识别表 1–6 所列举的钳工基本操作内容，并简要介绍各项操作。

表 1–6 钳工基本操作内容及操作简介

序号	图示	操作内容	操作简介
1		测量	用量具、量仪检测工件或产品的尺寸、形状和位置是否符合图样技术要求的操作
2		划线	用划线工具在毛坯或工件上划出待加工部位的轮廓线或作为基准的点、线的操作
3		錾削	用锤子打击錾子对金属工件进行切削加工的方法

续表

序号	图示	操作内容	操作简介
4		锯削	用手锯对材料或工件进行切断或切槽等的加工方法
5		锉削	用锉刀对工件进行切削加工的方法
6	进给运动 主运动	钻孔	用钻头在实体材料上加工孔的方法
7		铰孔	用铰刀从工件孔壁上切除微量金属层，以提高其尺寸精度和表面质量的方法
8		攻螺纹	用丝锥加工工件内螺纹的方法
9		刮削	用刮刀刮除工件表面薄层的加工方法

续表

序号	图示	操作内容	操作简介
10	工件 涂有研磨剂的平板	研磨	用研磨工具和研磨剂从工件上研去一层极薄表面层的精加工方法

（二）识别钳工常用设备、工具和量具

1. 认识钳工常用设备

（1）认识台虎钳

台虎钳是用来夹持工件进行加工的必备设备，如图 1–2 所示。仔细观察钳工车间所配台虎钳，并观看台虎钳的结构与工作原理演示动画及台虎钳的操作视频，回答下列问题。

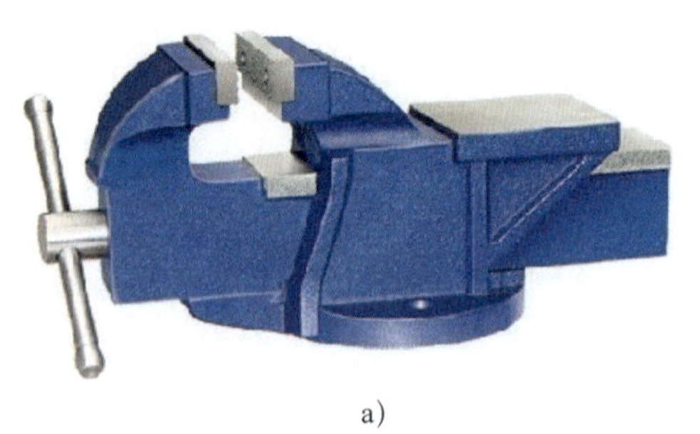

a）

b）

图 1–2 台虎钳

a）固定式台虎钳 b）回转式台虎钳

1）钳工车间配备了哪几种台虎钳？它们各由哪些零部件组成？

答：钳工车间配备了固定式和回转式两种台虎钳。回转式台虎钳主要由固定钳身、活动钳身、螺杆、螺杆螺母、手柄、钳口铁、螺钉、转座、夹紧盘和夹紧手柄等零件组成。固定式台虎钳与回转式台虎钳相比，除没有转座、夹紧盘和夹紧手柄外，其余组成相同。

2）台虎钳的规格是用什么表示的？常用的规格有哪些？

答：台虎钳的规格以钳口的宽度表示，常用的规格有 75 mm、100 mm、125 mm、150 mm、200 mm 等。

3）顺时针转动台虎钳手柄，观察台虎钳活动钳身的移动方向，此操作是夹紧工件还是松开工件？

答：夹紧工件。

4）查阅信息页，获取并熟记台虎钳安全使用注意事项。

答：①夹紧工件时要松紧适当，只能用手扳紧手柄，不得借助其他工具加力。

②强力作业时，应尽量使力朝向固定钳身。

③不许在活动钳身和光滑平面上敲击作业。

④对螺杆、螺杆螺母等活动表面应经常清洗、润滑，以防生锈。

⑤钳台装上台虎钳后，钳口高度应与操作者手抵下颚的手肘平齐。

（2）认识钳台

钳台也叫钳桌，如图 1–3 所示。钳台用于安装台虎钳、放置工具和工件等。

1）仔细观察钳工车间所配钳台，其上安装了哪些设备？估测钳台的高度。

答：钳台上一般安装台虎钳。钳台高度以 800 ~ 1 000 mm 为宜，其长度和宽度可随工作需要而定。

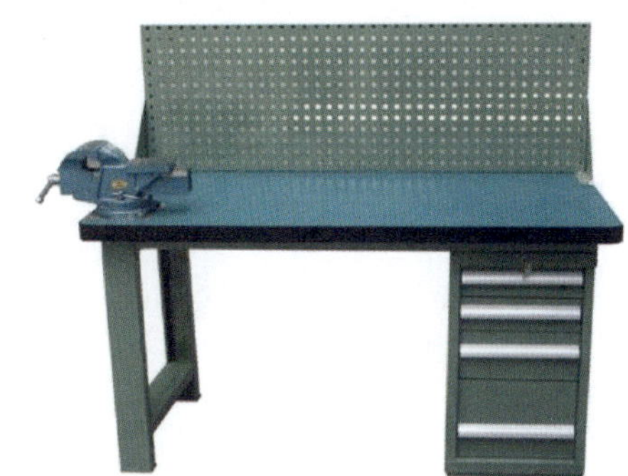

图 1–3　钳台

2）查阅信息页，获取并熟记钳台安全使用注意事项。

答：①钳台一般要求紧靠墙壁，人站在一面工作，对面不准有人，如大型钳台对面有人工作时，中间必须设置密度适当的安全网。钳台必须安装牢固，不允许被用作铁砧。

②钳台上使用的照明设备的电压不得超过 36 V。

③钳台上的杂物要及时清理，工具、量具和刃具分开放置，以免因混放而损坏。

④摆放工具时，不能让工具伸出钳台边缘，以免其被碰落而砸伤人脚。

（3）认识砂轮机

砂轮机（图 1–4）主要用来刃磨錾子、钻头、刮刀或其他工具，也可用来磨去工件或材料上的毛刺、锐边、氧化皮等。

a）

b）

图 1–4　砂轮机

a）台式砂轮机　b）立式砂轮机

1）观察钳工车间所配砂轮机，查看铭牌，记录其型号。

建议：仔细查看钳工车间所配砂轮机的铭牌，详细记录其型号。

2）查阅信息页，获取并熟记砂轮机安全使用注意事项。

答：①砂轮机启动后应运转平稳，若跳动明显应及时停机调整。

②砂轮旋转方向要正确，磨屑只能向下飞离砂轮。

③砂轮机托架和砂轮之间的距离应保持在 3 mm 以内，以防工件轧入而造成事故。

④操作者应站在砂轮机侧面或斜侧位置，磨削时不能用力过大。

（4）认识钻床

钻床是用来对工件进行孔加工的设备，可分为台式钻床、立式钻床和摇臂钻床等，如图 1–5 所示。

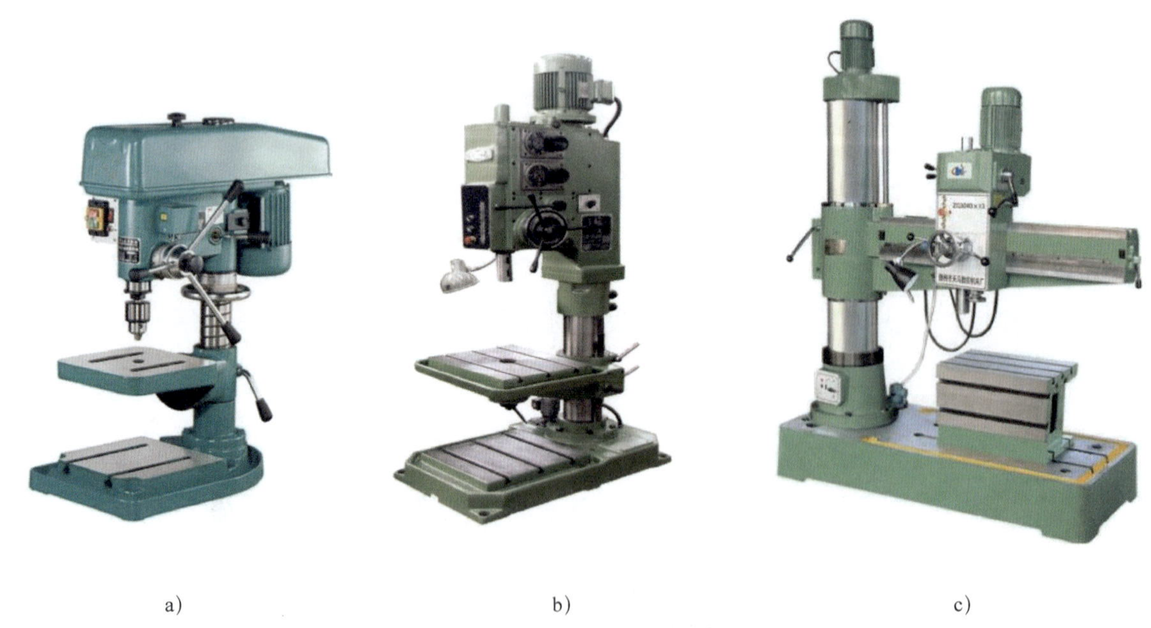

a） b） c）

图 1–5 钻床

a）台式钻床 b）立式钻床 c）摇臂钻床

1）观察钳工车间所配钻床，查看铭牌，记录其型号。

建议：仔细查看车间所配钻床的铭牌，详细记录其型号。

2）查阅信息页，获取并熟记钻床使用安全要求。

答：①工作前，对所用钻床、工具、夹具和量具进行全面检查，确认无误后方可操作。

②工件装夹必须牢固、可靠，工作中严禁戴手套。

③手动进给时，一般按照逐渐增压或减压的原则进行，不可用力过猛，以免造成事故。

④钻头上绕有长切屑时，要立即关闭钻床电源开关，然后用刷子或铁钩清除切屑。

⑤不准在旋转的刀具下翻转、夹压或测量工件，手不准触摸旋转的刀具。

⑥摇臂钻床的横臂回转范围内不准有障碍物，工作前横臂必须夹紧。

⑦横臂和工作台上不准存放物品。

⑧工作结束后，将横臂降低到最低位置，主轴箱靠近立柱，并且要夹紧。

2. 认识钳工常用工具

参观钳工车间或查阅信息页，写出表1–7中钳工常用工具的名称及其用途。

表 1–7　钳工常用工具的名称及其用途

图示	工具名称	用途
	台虎钳	装在钳台上，用钳口夹持工件的工具
	手锯	手工锯削的工具
	平板	用于检验或划线的平面基准器具
	划规	圆规式划线工具

续表

图示	工具名称	用途
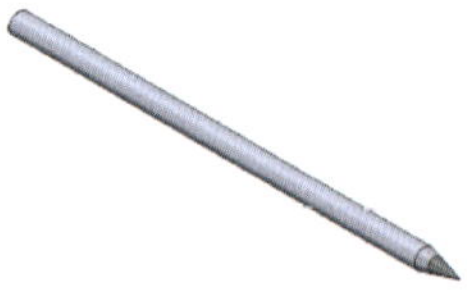	划针	用于在工件上划线的工具
	划线盘	带有划针的可调划线工具，用于划线或找正工件的位置
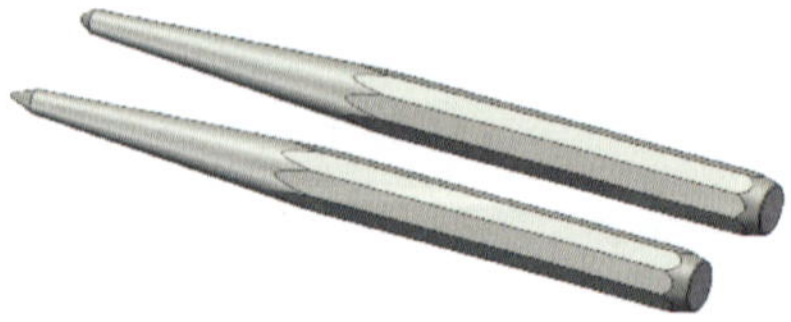	样冲	用于在工件上打出样冲眼的工具
	锉刀	用于锉削的工具
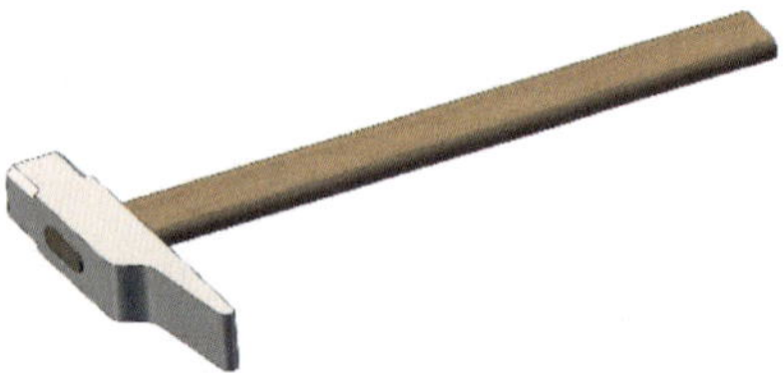	锤子	带柄的锤击工具
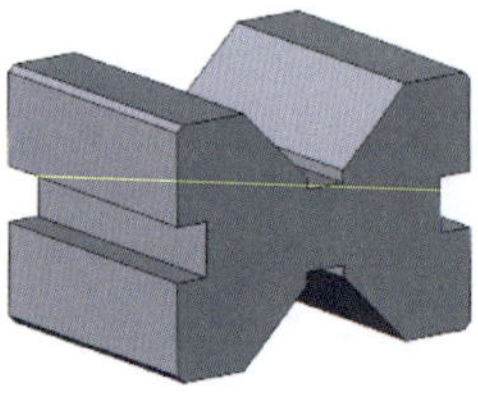	V 形架	工作面为一 V 形槽面，用于对圆柱形工件检查或划线的器具

续表

图示	工具名称	用途
	划线方箱	夹持工件，能根据需要转换位置的划线工具
	千斤顶	用于支承毛坯或形状不规则的工件进行立体划线的工具
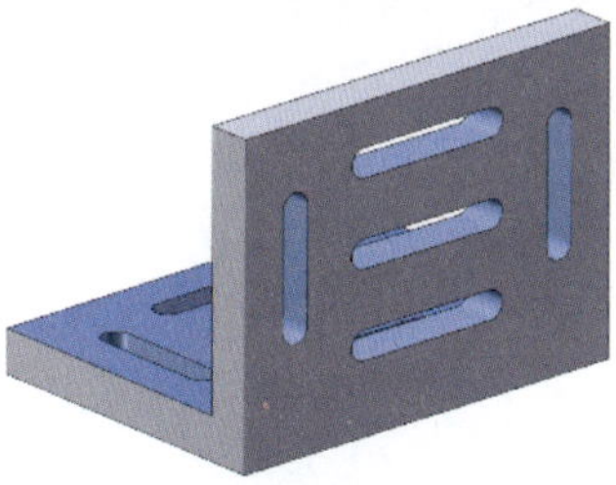	角铁	角铁用铸铁制成，有两个面的垂直精度很高，使用压板固定需要划线的工件，通过直角尺对工件的垂直位置找正后，再用游标高度卡尺划线，可使所划线与原来找正的直线或平面保持垂直
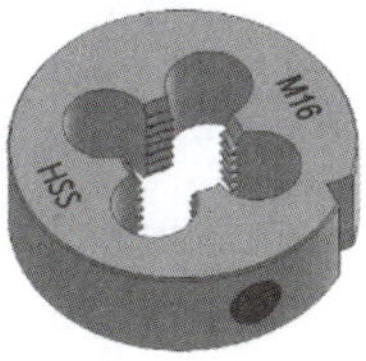	圆板牙	通过旋转和沿螺纹轴线进刀，在被加工杆件上形成外螺纹的一种圆形套状成形工具
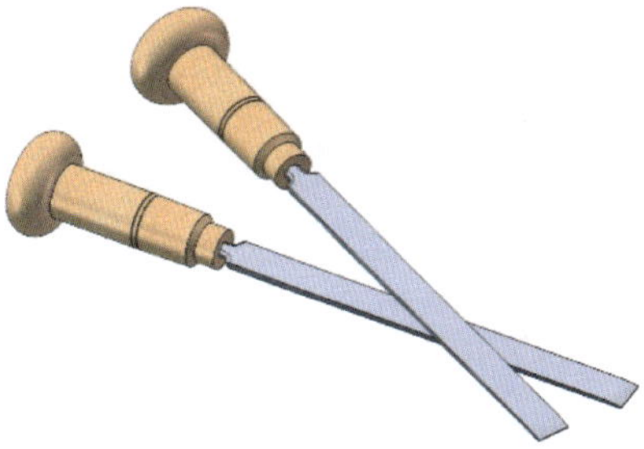	刮刀	用于刮削的工具
	钻头	用于钻削加工的一类刀具
	丝锥	加工圆柱形和圆锥形内螺纹的标准工具

3. 认识钳工常用量具

量具是以固定形式复现量值的计量器具。钳工车间配备了多种量具，查阅信息页，识别表 1–8 所列钳工常用量具的名称及其用途。

表 1–8 钳工常用量具的名称及其用途

图示	量具名称	用途
	游标卡尺	带有测量卡爪并用游标读数的量尺，可用于测量长度、直径、宽度和深度等尺寸
0.01mm 0~25mm	千分尺	用微分筒读数的示值为 0.001 mm 的量尺，主要用于测量长度
	游标万能角度尺	用游标读数，可测量任意角度的量尺
	刀口尺	用光隙法检验直线度或平面度的量尺
	塞尺	测量间隙的薄片量尺

续表

图示	量具名称	用途
	直角尺	检测直角用的非刻线量尺
	游标高度卡尺	用游标读数的高度量尺，主要用途是测量工件的高度，另外还经常用于测量形状和位置误差，有时也用于划线
	钢直尺	不可卷的钢质板状量尺，主要用于测量长度
	百分表	分度值为 0.01 mm，指针可转一周以上的机械式量表，主要用于测量各种工件的直线尺寸、几何误差

（三）获取钳工安全文明生产基本信息

遵守劳动纪律，执行安全操作规程，严格按工艺要求操作是保证产品质量的重要前提。作为一名钳工，要不断增强“安全第一，预防为主”的意识。查阅信息页，学习钳工安全操作规程，并回答下列问题。

1. 钳工操作时对劳动防护用品有哪些要求？

答：钳工操作时应按规定穿戴好劳动防护用品（如工作服、工作鞋、工作帽、护目镜等），工作服袖口和下摆要扎紧，过颈长发要扎紧后塞入工作帽内。

2. 钳工操作时是否允许擅自使用不熟悉的设备、工具和量具？

答：钳工操作时不允许擅自使用不熟悉的设备、工具和量具。

3. 使用电动工具要注意哪些事项？

答：使用电动工具时，插头插座必须完好，外壳要接地，并应戴绝缘手套，穿胶靴，以防止触电。如发现防护用具失效，应立即修补或更换。

4. 钳工操作时对工具、量具的安放有何要求？

答：（1）在钳台上工作时，工具、量具应按次序排列整齐，常用的工具、量具要放在工作位置附近，且不能超出钳台边缘。

（2）量具不能与工具或工件混放在一起，应放在量具盒内或专用的搁架上。精密量具要轻放，使用前要检验其精度，并定期检修。

（3）工具要整齐地安放在工具箱内，并有固定位置，不得任意堆放，以防损坏和取用不便。

（4）量具使用完毕应擦干净，并在工作面上涂油防锈。

5. 钳工操作时对毛坯和已加工工件的摆放有何要求？

答：毛坯和已加工工件应放在规定位置，排列要整齐、平稳，以保证安全，便于取放，并避免碰伤已加工过的工件表面。

6. 钳工操作时对清除切屑有何要求？

答：清除切屑应用毛刷，不准用嘴吹或用手直接拉、擦去除。

7. 钳工操作时对工作场地有何要求？

答：工作场地应经常整理和清扫。工作完毕，用过的设备和工具都要按要求进行清理和涂油，工作场地要清扫干净，切屑、余料、垃圾等要放在指定地点。

二、确定划线步骤

查阅信息页，获取划线知识与划线方法，确定开瓶器划线步骤。

（一）获取划线知识与划线方法

1. 什么是划线？划线有什么作用？

答：（1）划线是指在毛坯或工件上，用划线工具划出待加工部位的轮廓线或作为基准的点和线，一般为加工中的第一个工序。

（2）划线的作用如下。

1）能确定工件的加工余量，使加工有明确的加工界线。

2）便于在机床上装夹复杂的工件，可按划线找正定位。

3）能及时发现和处理不合格的毛坯，避免加工后造成损失。

4）采用借料划线可使误差不大的毛坯得到补救，提高毛坯的利用率。

2. 图 1–6 所示为划线的两种方式，查阅信息页，并观看平面划线和立体划线的操作视频，学习两种划线方式的概念，确定开瓶器的划线方式。

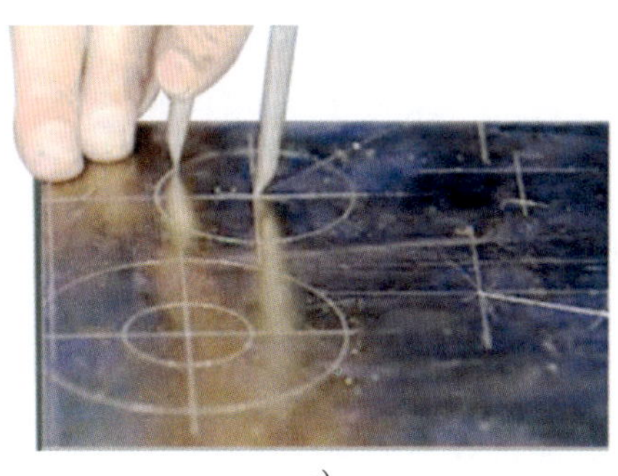

a）

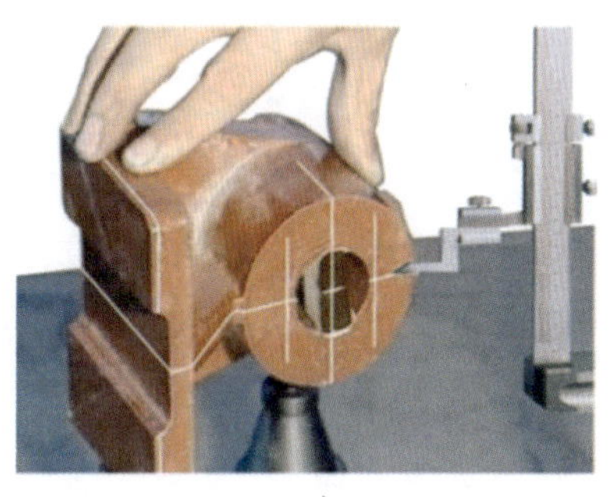

b）

图 1–6　划线

a）平面划线　b）立体划线

答：图 1–6a 所示为平面划线，图 1–6b 所示为立体划线。只需在工件的一个表面上划线即能明确表示加工界线的是平面划线。需要在工件几个互成不同角度（通常是互相垂直的）的表面上划线，才能明确表示加工界线的是立体划线。开瓶器划线属于平面划线。

3. 查阅信息页，学习划线基准知识，回答问题：什么是划线基准？划线基准的类型有哪几种？开瓶器的划线采用哪种基准？

答：划线时，工件上用来确定其他点、线、面位置所依据的点、线、面称为划线基准。划线时，为减少不必要的尺寸换算，使划线方便、准确，应从划线基准开始。划线基准分为三种，以两个互相垂直的平面（或直线）为基准、以两条互相垂直的中心线为基准、以一个平面和一条中心线为基准。开瓶器的划线以两条互相垂直的中心线为基准。

4. 开瓶器内外轮廓是由多个圆弧构成的，划线时会遇到圆弧与两圆内切或外切的情况。查阅信息页，学习常用的基本划线方法，写出图 1–7 所示图形的划线方法。

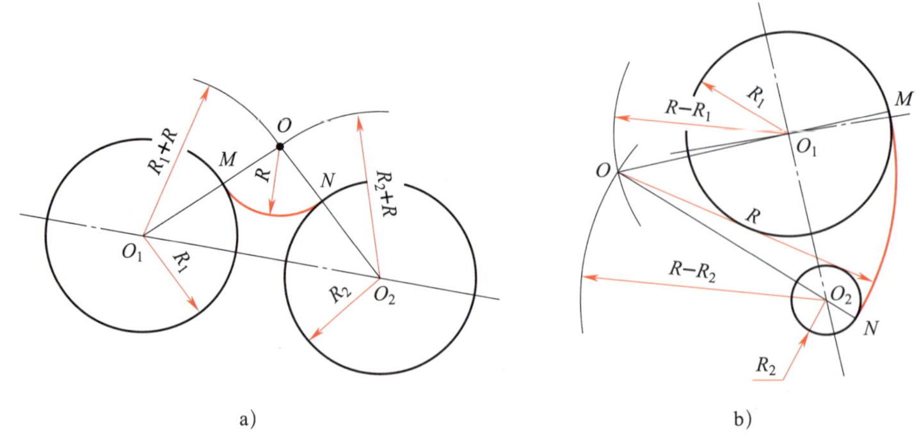

图 1–7　圆弧的划线方法

a）圆弧与两圆外切　b）圆弧与两圆内切

答：图 1–7a 的划线步骤是以 O_1 和 O_2 为圆心，以 R_1+R 和 R_2+R 为半径作圆弧交于 O 点；连接 O_1、O 交已知圆于 M 点，连接 O_2、O 交已知圆于 N 点；以 O 为圆心、R 为半径作圆弧即可。图 1–7b 的划线步骤是分别以 O_1 和 O_2 为圆心，$R-R_1$ 和 $R-R_2$ 为半径作圆弧交于 O 点；以 O 为圆心、R 为半径作圆弧即可。

5. 查阅信息页，回答问题：什么是找正？找正时应注意哪些事项？

答：找正就是利用划线工具使工件上有关的表面与基准面（如平板等）之间处于合适的位置。找正时应注意以下几点。

（1）当工件上有不加工表面时，应按不加工表面找正后再划线，这样可使加工表面与不加工表面之间保持尺寸均匀。

（2）当工件上有两个以上的不加工表面时，应选择重要的或较大的表面为找正依据，并兼顾其他不加工表面，这样可使划线后的加工表面与不加工表面之间尺寸比较均匀，而使误差集中到次要或不明显的部位。

（3）当工件上没有不加工表面时，通过对各加工表面自身位置找正后再划线，可使各加工表面的加工余量得到合理分配，避免加工余量相差悬殊。

6. 查阅信息页，回答问题：什么是借料？在开瓶器上划 R120 mm 圆弧加工线时，能否在毛坯上划出该圆弧的圆心位置？

答：借料就是通过试划和调整，将各加工表面的加工余量合理分配，互相借用，从而保证各加工表面都有足够的加工余量，而误差或缺陷可在加工后排除。在开瓶器上划 R120 mm 圆弧加工线时，由于毛坯尺寸较小，该圆弧的圆心不在毛坯上，需要借助平板或其他型材确定圆心位置。

（二）确定开瓶器划线步骤

根据所学划线知识和开瓶器零件图，确定开瓶器的划线步骤。

答：开瓶器划线操作步骤如下。

1. 对毛坯进行清理、涂色（常用的涂料有石灰水、蓝油）。

2. 确定水平中心线和 ϕ48 mm 圆弧的竖直中心线为水平和竖直划线基准。

3. 划线时先划两条基准线，然后划 ϕ9 mm 圆、四个 R6 mm 圆弧、两个 R3 mm 圆弧、ϕ48 mm 圆弧的圆心位置线和轮廓线，再划 R24 mm 和 R120 mm 圆弧的圆心位置线和轮廓线，最后划各圆之间的过渡轮廓线。划 R24 mm 和 R120 mm 圆弧的圆心位置线和轮廓线时需要采取借料的方法。

4. 复核划线的正确性，包括尺寸、位置。

5. 在各圆心和轮廓线上打样冲眼。

三、确定锯削方法

查阅信息页，获取锯削操作知识，确定开瓶器的锯削方法。

（一）获取锯削操作知识

1. 什么是锯削？锯削的用途有哪些？

答：用锯对材料或工件进行切断或切槽等的加工方法称为锯削。锯削可以锯断各种原材料或工件，可以锯掉工件上的多余部分，也可以在工件上锯沟槽。

2. 图 1–8 所示为手锯，查阅信息页，说明手锯的组成。

a)　　b)

图 1–8　手锯

a）固定式手锯　b）可调式手锯

答：手锯由锯弓和锯条组成。锯弓用于安装和张紧锯条，有固定式和可调式两种。固定式锯弓只能安装一种长度的锯条（通常为 300 mm）；可调式锯弓的安装距离可以调节，能安装几种不同长度的锯条。锯条在锯削时起切削作用，其长度规格是以两端销孔的中心距来表示的，钳工常用的锯条长度为 300 mm。

3. 查阅信息页，学习锯条的规格，回答问题：锯条的粗细规格是用什么表示的？如何选择锯条的粗细？锯削开瓶器边缘余料应选择什么样的锯条？

答：（1）锯齿的粗细规格用 25 mm 长度内的锯齿数或用齿距（两相邻锯齿刃之间的距离）表示。

（2）按照以下情况选择锯齿的粗细：

1）锯齿的粗细一般应根据加工材料的软硬、切面大小等来选择。锯削软材料或切面较大的工件时，因切屑较多，要求有较大的容屑空间，应选用粗齿锯条；锯削硬材料或切面较小的工件时，因锯齿不易切入，切屑较少，不易堵塞容屑槽，应选用细齿锯条。同时，细齿锯条参加切削的齿数增多，可使每个锯齿担负的锯削量减小，锯削阻力减小，材料容易被切除，锯齿也不易磨损，一般中等硬度材料选用中齿锯条。

2）锯削管子和薄板材料时，截面上要有两个以上的锯齿同时参加锯削，才能避免锯齿被钩住而崩断，因此必须用细齿锯条。

（3）制作开瓶器的毛坯为板料，厚度为 2 mm，因此应选择细齿锯条。

4. 图 1–9 所示为锯条的安装示意图，哪种方式是正确的？观看锯条的安装方法视频，总结锯条安装注意事项。

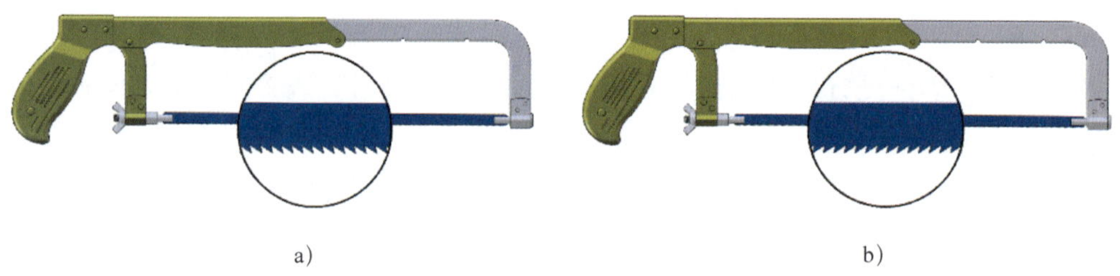

a)　　b)

图 1–9　锯条的安装示意图

答：图 1–9a 所示是正确的。锯条安装应注意两个问题：一是锯齿向前，只有锯齿向前才能正常切削，否则锯条的几何切削角度会发生改变，前角变为负值；二是锯条松紧要适当，太松或太紧锯条易断，安装好后锯条应无扭曲现象，锯条平面与锯弓纵向平面在同一平面内或互相平行。

5. 锯削时，对工件的装夹有何要求？

答：工件一般应夹持在台虎钳的左侧，以便于操作。工件伸出钳口不宜过长，应使锯缝离开钳口侧面约 20 mm，防止工件在锯削时产生振动。锯缝线要与钳口侧面保持平行，使锯缝线与铅垂线方向一致，以便于控制锯缝不偏离所划线条。锯削时，工件夹紧要牢靠，同时要避免因夹持太紧而将工件夹变形或破坏已加工表面。

6. 图 1–10 所示为锯削时的站立姿势，观看锯削的姿势和动作视频，总结锯削时对站立姿势和手锯握法的要求。

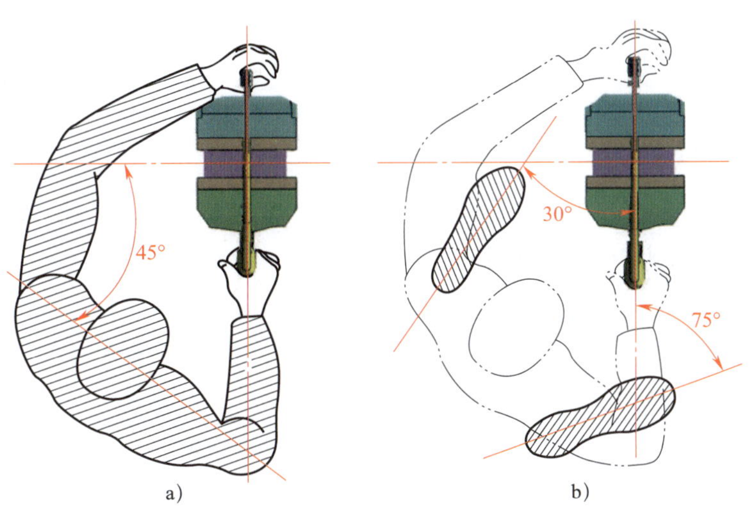

图 1–10 锯削时的站立姿势

a）锯削时的身体和手臂位置 b）锯削步位

答：(1) 锯削时站立要自然，左手、手锯、右手形成的水平直线称为锯削轴线。右脚掌心在锯削轴线上，右脚掌长度方向与锯削轴线成 75° 角；左脚在台虎钳前左下方，与锯削轴线成 30° 角；两脚跟之间的距离因人而异，通常为操作者的肩宽；身体平面与轴线成 45° 角；身体重心大部分落在左脚，左腿呈弯曲状态，并随锯削往复运动做相应屈伸，右腿伸直。

(2) 右手满握锯柄，拇指自然地放在食指上方，不要压食指，左手在整个锯削的过程中始终轻扶在弓架前端，不可施力，在锯削推程和回程中，用右手控制其方向和作用力的大小，左手只起辅助作用。

7. 起锯是锯削工作的开始，起锯质量的好坏直接影响锯削的质量。观看起锯方法视频，回答问题：起锯方法有哪几种？起锯时应注意哪些事项？

答：起锯的方法分近起锯和远起锯两种。通常情况下采用远起锯，因为采用这种方法锯齿不易被卡住。无论哪种起锯方法，起锯角一般不大于 15°。起锯角太大，切削阻力大，锯齿易被卡住而崩齿；起锯角过小，不易切入工件，易在工件表面打滑而划伤工件。为了使起锯平稳、准确，可以用拇指对锯条进行导靠。当起锯到槽深 2 ~ 3 mm 时，拇指可离开锯条，扶正锯弓进行正常锯削。注意起锯的操作要点是“小”“短”“慢”。“小”指起锯时压力要小，“短”指往回程要短，“慢”指速度要慢，这样可以使起锯平稳。

8. 查阅信息页，并观看锯削的姿势和动作视频，总结推锯时锯弓的运动方式，说明各种方式的操作要点。

答：推锯时锯弓运动方式有两种，一种是直线往复运动，另一种是锯弓上下小幅度摆动。

（1）直线往复运动。锯削时，右腿站直，左腿略微弯曲，身体前倾 10° 左右，重心落于左腿。双手正确握住锯弓，左臂略微弯曲，右臂尽量向后收，保持与锯削方向平行。向前锯削时，身体与锯弓一起向前运动，左腿向前弯曲，右腿伸直向前倾，重心落于左腿。随着锯弓行程的继续推进，身体倾斜角度随之增大，这时身体前倾 18° 左右。当锯弓推进约 3/4 行程时，身体停止前进，两臂继续推动锯弓向前运动，慢慢地将身体重心后移，锯削行程结束后，停止施加压力，将手和身体恢复到初始位置，准备进行第二次锯削。在整个锯削过程中，应保持锯缝的平直，如有歪斜应及时调整。这种操作方式适用于加工薄形工件和直槽。

（2）锯弓上下小幅度摆动。在锯弓推进时，锯弓可上下小幅度摆动。操作时两手动作自然，不易疲劳，切削效率高，但初学者使用这种锯削方式时，锯削尺寸和断面质量不易控制，所以建议初学者使用直线往复运动方式进行锯削。

（二）确定开瓶器的锯削方法

开瓶器毛坯为板料，查阅信息页或观看薄板料的锯削方法视频，确定开瓶器的锯削方法。

答：开瓶器毛坯为板料，锯削时应尽可能从宽面上锯削。当只能在板料的窄面锯削时，可用两块木块夹持工件，将板料与木块一起锯下，避免锯齿被钩住；同时也提高了板料的刚度，锯削时不易发生颤动。也可以把薄板料直接夹在台虎钳上，用手锯横向斜锯，使锯齿与薄板料的接触齿数增加，避免锯齿崩裂。

四、确定孔的加工方法

查阅信息页，获取钻孔操作知识，确定开瓶器上孔的加工方法。

（一）获取钻孔操作知识

1. 什么是钻孔？

答：用钻头在实体材料上加工出孔的方法称为钻孔。

2. 查阅信息页，学习麻花钻的组成，回答下列问题。

（1）麻花钻由钻体和钻柄组成，如图 1–11 所示，说明麻花钻各组成部分的作用。

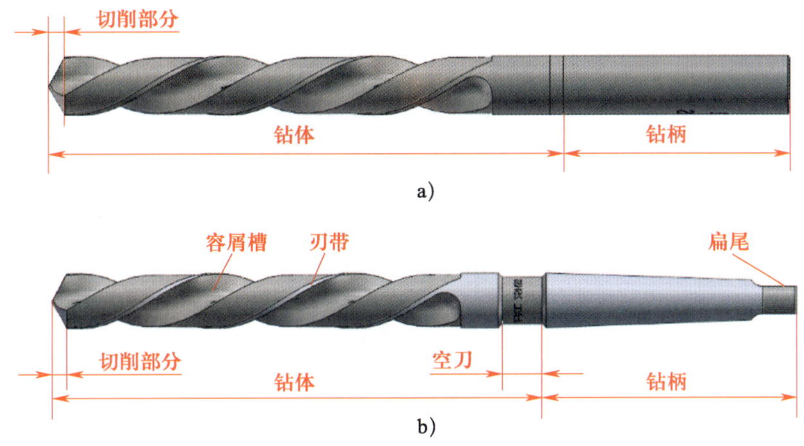

图 1–11　麻花钻

a）直柄麻花钻　b）锥柄麻花钻

答：（1）钻柄是麻花钻的夹持部分，主要用来连接钻床主轴并传递动力。

（2）麻花钻的钻体包括切削部分（又称钻尖）、由两条刃带形成的导向部分和空刀。切削部分是指由产生切屑的诸要素（主切削刃、横刃、前面、后面、刀尖）所组成的工作部分，它承担着主要的切削工作。麻花钻的导向部分用来保持麻花钻钻孔时的正确方向并修光孔壁，在麻花钻刃磨时可作为切削的后备部分。两条容屑槽的作用是形成切削刃，便于容屑、排屑和切削液输入。空刀是钻体上直径减小的部分，它的作用是在磨制麻花钻时作为退刀槽，通常锥柄麻花钻的规格、材料和商标也打印在此处。

（2）麻花钻切削部分是指由产生切屑的诸要素（主切削刃、横刃、前面、主后面、刀尖等）所组成的工作部分，如图 1–12 所示，标出各要素的名称。

答：

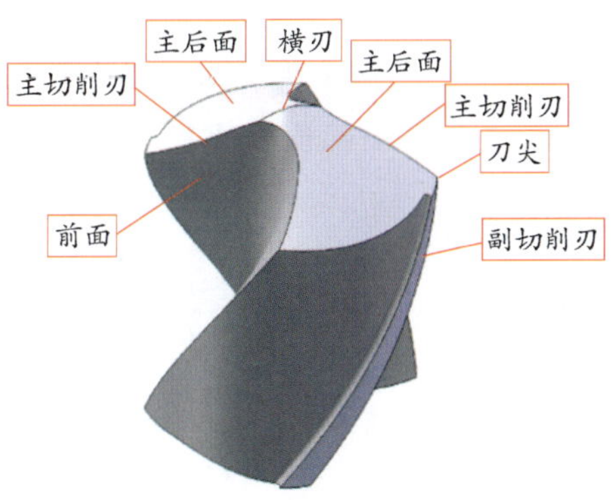

图 1–12　麻花钻切削部分

3. 台式钻床如图 1–13 所示，观看台式钻床的结构与工作原理演示动画，写出台式钻床的主要组成部分名称。

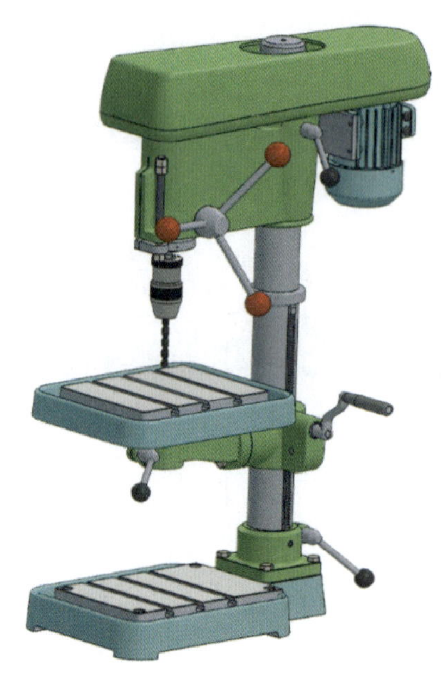

图 1–13 台式钻床

答：台式钻床主要由底座、立柱、工作台、机头、主轴、主轴变速机构、进给机构、电气控制部分、电动机等组成。

4. 查阅信息页，回答问题：什么是钻削用量？如何选择钻削用量？

答：钻削用量是指在钻削过程中切削速度、进给量和背吃刀量的总称。选择钻削用量的方法如下：

（1）背吃刀量的选择。直径小于 30 mm 的孔可一次钻出，达到规定要求的孔径和孔深；直径为 30 ~ 80 mm 的孔可分为两次钻削，先用直径为（0.5 ~ 0.7）D（D 为要求的孔径）的钻头钻底孔，然后用直径为 D 的钻头将孔扩大至要求尺寸。这样可以提高钻孔质量，减小轴向力，保护机床和刀具等。

（2）进给量的选择。当孔的尺寸精度、表面质量要求较高时，应选较小的进给量；钻小孔、深孔时，由于钻头细而长，强度低，刚度低，易扭断，应选较小的进给量。

（3）钻削速度的选择。当钻头的直径和进给量确定后，钻削速度应按钻头的使用寿命选取合理的数值，一般根据经验选取。孔较深时，应取较小的切削速度。

具体选择钻削用量时，应根据钻头直径、钻头材料、工件材料、加工精度和表面粗糙度等方面的要求合理选取。

（二）确定开瓶器孔的加工方法

1. 制作开瓶器时，需要钻哪几种规格的孔？

答：制作开瓶器时，需要钻 $\phi6$ mm、$\phi9$ mm、$\phi12$ mm 三种规格的孔。为了去除内轮廓的余料，还需要钻 $\phi3$ mm 去料排孔。

2. 钻 ϕ3 mm（去料排孔）、ϕ6 mm、ϕ9 mm、ϕ12 mm 四种规格孔时，需要将麻花钻装夹到钻床主轴上。观看麻花钻的装夹视频，总结上述四种规格麻花钻的装夹方法。

答：ϕ3 mm、ϕ6 mm、ϕ9 mm、ϕ12 mm 四种钻头均为直柄麻花钻，装夹时需要采用钻夹头进行装夹。首先将钻柄插入钻夹头的三个卡爪内，夹持长度不能小于 15 mm，然后用钻夹头钥匙旋转外套，使环形螺母带动三个卡爪移动，夹紧钻柄，松开时方向相反。

3. 钻开瓶器上的 ϕ6 mm、ϕ9 mm、ϕ12 mm 孔时，如何装夹毛坯？

答：开瓶器毛坯属于板料，可将工件放置在定位块上，用手虎钳夹持。

4. 如何钻开瓶器上的 ϕ6 mm、ϕ9 mm、ϕ12 mm 孔？

答：（1）在工件钻孔位置划线。按孔的位置尺寸要求，划出孔位置的十字中心线，并打上中心样冲眼（样冲眼要小，位置要准），按孔的大小划出孔的圆周线。

（2）起钻。钻孔时，先使钻头对准钻孔中心，钻出一个浅坑，观察钻孔位置是否正确，并不断校正，使起钻浅坑与划线圆同轴。校正时，如偏位较少，可在起钻的同时用力将工件向偏位的相同方向推移，达到逐步校正的目的；如偏位较多，可在校正方向打上几个中心样冲眼或用油槽錾錾出几条槽，以减小此处的切削阻力，达到校正的目的。无论用哪种方法校正，都必须在锥坑外圆小于钻头直径前完成。

（3）手动进给钻孔。当起钻达到钻孔的位置要求后，可夹紧工件完成钻孔，钻孔时用毛刷加注乳化液。手动进给钻孔时，进给力不宜过大，防止钻头发生弯曲，使孔歪斜。孔将钻穿时，必须减小进给力，以防瞬间将工件钻透，增大冲击力，造成钻头失稳而折断，或使工件随着钻头转动而造成事故。

五、选择内部余料的去除方法

查阅信息页，获取錾削操作知识，选择开瓶器内部余料的去除方法。

（一）获取錾削操作知识

1. 什么是錾削？錾削主要用于哪些场合？

答：用锤子打击錾子对金属工件进行切削加工的方法称为錾削。錾削是一种粗加工，一般按所划加工线进行加工，平面度误差可控制在 0.5 mm 之内。錾削主要用于不便于机械加工的场合，如清除毛坯上的多余金属、分割材料、錾削平面和沟槽等。

2. 常用的錾子有扁錾、尖錾和油槽錾，见表 1–9，说明各种錾子的用途。

表 1–9 常用錾子的种类与用途

名称	图示	用途
扁錾		扁錾主要用于錾削平面、分割材料及去毛边等，是用途最广的一种錾子
尖錾		尖錾主要用来錾削沟槽和分割曲线形板料
油槽錾		油槽錾用来錾削润滑油槽

3. 錾削角度

錾削时，錾子与工件之间应形成适当的切削角度。图 1–14 所示为錾削平面时的錾削角度。查阅信息页，将錾削角度的定义与作用填入表 1–10 中。

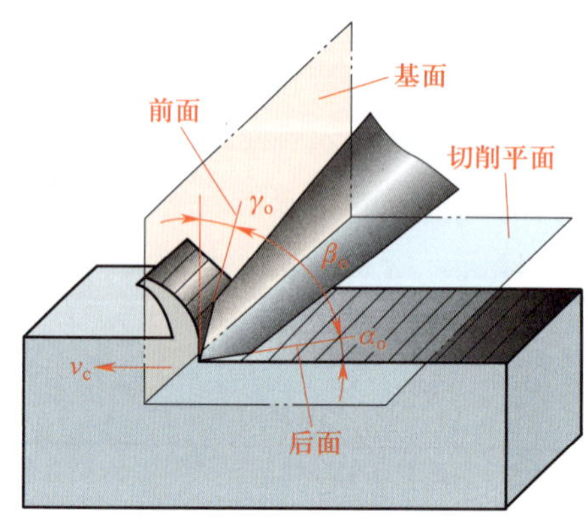

图 1–14 錾削角度

表 1–10 錾削角度的定义与作用

錾削角度	定义	作用
楔角 β_o	錾子前面与后面之间的夹角	楔角小，錾削省力，但刃口薄弱，容易崩损；楔角大，錾削费力，錾削表面不易平整。通常根据工件材料的软硬选取楔角的大小
后角 α_o	錾子后面与切削平面之间的夹角	减少錾子后面与切削表面间的摩擦，使錾子容易切入材料。后角的大小取决于錾子被掌握的方向
前角 γ_o	錾子前面与基面之间的夹角	减小切屑变形，使切削轻快。前角越大，切削越省力

4. 錾子的刃磨与热处理

查阅信息页，并观看錾子的刃磨方法视频，回答下列问题。

（1）总结錾子的刃磨方法。

答：錾子的刃磨主要是刃磨楔角，刃磨时双手握住錾子，在砂轮的轮缘上进行刃磨。刃磨时，必须使切削刃高于砂轮旋转中心线，在砂轮全宽上左右移动，并要控制錾子的方向、位置，保证磨出所需的楔角值；刃磨时加在錾子上的压力不宜过大，左右移动要平稳、均匀，并且刃口处要经常蘸水冷却，以防止退火。

（2）錾子经刃磨后，必须进行淬火和回火处理后方可使用。如何对錾子进行淬火和回火处理？

答：当錾子的材料为 T7 或 T8 钢时，可把錾子切削部分约 20 mm 长的一端均匀加热到 750 ~ 780 ℃（呈樱红色）后迅速取出，并垂直地把錾子放入冷水中冷却，浸入深度为 5 ~ 6 mm，即完成淬火过程。

錾子的回火是利用加热后其本身的余热进行的，当錾子露出水面的部分变成黑色时，将其从水中取出，此时錾子的颜色是白色的，待其由白色变为黄色时，再将錾子全部放入水中冷却的回火过程称为“黄火”；而待其由黄色变为蓝色时，再把錾子全部放入水中冷却的回火过程称为“蓝火”。经“黄火”处理的錾子比经“蓝火”处理的錾子硬度要高些，不易磨损，但脆性较大。

5. 錾削姿势

观看錾削姿势视频，回答下列问题。

（1）錾削时，锤子的握法有哪几种？各有什么特点？

答：1）紧握法。右手五指紧握锤柄，拇指合在食指上，虎口对准锤头方向，锤柄尾端露出 15 ~ 30 mm。在挥锤和锤击过程中，五指始终紧握。

2）松握法。只用拇指和食指始终握紧锤柄，在挥锤时，小指、无名指和中指依次放松。在锤击时，又以相反的次序收拢握紧。

（2）錾削时，錾子的握法有哪几种？各有什么特点？

答：1）正握法。腕部伸直，用中指、无名指握住錾子，小指自然合拢，食指和拇指自然松靠，錾子头部伸出约 20 mm。

2）反握法。手心向上，手指自然捏住錾子，手掌悬空。

（3）錾削时，挥锤方法有哪几种？各有什么特点？

答：1）腕挥。仅挥动手腕进行锤击运动，采用紧握法握锤，腕挥频率约为 50 次 /min，用于錾削余量较小的工件及錾削开始或结尾。

2）肘挥。手腕与肘部一起挥动进行锤击运动，采用松握法握锤，肘挥频率约为 40 次 /min，用于需要较大力錾削的工件。

3）臂挥。手腕、肘部和全臂一起挥动，其锤击力最大，用于需要大力錾削的工件。

（4）总结錾削时的站立姿势。

答：左脚跨前半步，两腿自然站立，人体重心稍微偏向后方，视线要落在工件的錾削部位。

（5）观看锤子的使用方法视频，总结锤击要领。

答：1）挥锤。肘收臂提，举锤过肩，手腕后弓，三指微松，锤面朝天，稍停瞬间。

2）锤击。目视錾刃，臂肘齐下，收紧三指，手腕加劲，锤錾一线，锤走弧形，左腿着力，右腿伸直。

3）要求。稳，节奏平稳；准，锤击准确；狠，锤击有力。

（二）选择开瓶器内部余料的去除方法

去除开瓶器内部余料一般采用什么方法?

答：去除开瓶器内部余料一般是先按轮廓线钻出密集的去料排孔，再用扁錾或尖錾逐步切割。

六、选择锉削方法

查阅信息页，获取锉削操作知识，选择开瓶器内外轮廓的锉削方法。

（一）获取锉削操作知识

1. 什么是锉削?

答：锉削是指用锉刀对工件进行切削加工，使其尺寸、形状、位置和表面粗糙度符合要求的操作方法。锉削一般是在錾削、锯削之后对工件进行的精度较高的加工。锉削的加工精度可达 0.01 mm，表面粗糙度值可达 Ra 0.8 μm。

2. 图 1–15 所示为锉刀，说明各部分的作用。观看锉刀柄的装拆视频，写出安装锉刀柄时的注意事项。

答：锉刀面是锉刀的主要工作面，上下两面都制有锉齿，以便于进行锉削。锉刀面上有无数个锉齿，锉削时每个锉齿都相当于一把錾子，用以对金属材料进行切削。锉刀边是指锉刀的两个侧面，有

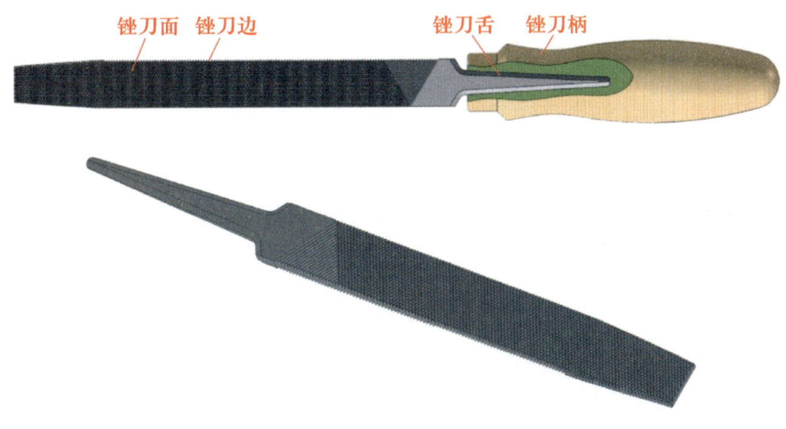

图 1–15　锉刀

的没有齿，有的其中一边有齿，没有齿的一边称为光边，它可以保证在锉削内直角的一个面时不伤及相邻面。锉刀舌是用来装锉刀柄的，锉刀柄一般是木质的，在安装孔的一端应套有铁箍。

安装锉刀柄时应注意以下几点：

（1）安装前应检查锉刀柄是否完整、无开裂，前端是否安装铁箍。

（2）安装时应及时检查锉刀柄与锉刀之间的直线度，若锉刀柄安装歪斜，将影响锉削的平稳性。

（3）安装后应检查锉刀柄有无开裂现象，若开裂应及时更换，以防进行加工时伤手。

3. 按用途不同，锉刀分为哪几类？

答：按用途不同，锉刀可分为钳工锉、异形锉和整形锉三类。

（1）钳工锉。钳工锉是钳工最常用的锉削工具，按其断面形状不同，分为扁锉、方锉、三角锉、半圆锉和圆锉五种。

（2）异形锉。异形锉用来锉削工件上的特殊表面，有弯形和直形两种。

（3）整形锉。整形锉主要用于修整工件上的细小部分。通常以多把不同断面形状的锉刀组成一组（常用的有 5 支、8 支或 10 支为一组），按其断面形状不同，分为扁锉、方锉、三角锉、圆锉、半圆锉、菱形锉、刀形锉、椭圆锉、单边三角锉等。

4. 锉刀规格包括尺寸规格和锉纹粗细规格两种。查阅信息页，说明它们各是如何规定的。

答：（1）尺寸规格。圆锉的尺寸规格以其断面直径表示，方锉的尺寸规格以其断面边长表示，其他钳工锉以锉身长度表示。常用的锉刀规格有 100 mm、150 mm、200 mm、250 mm、300 mm 和 350 mm 等。异形锉和整形锉的尺寸规格用锉刀的全长来表示。

（2）锉纹粗细规格。国家标准规定，锉刀锉纹粗细规格以锉刀每 10 mm 轴向长度内的主锉纹条数来表示，条数越多，锉纹越细。

（二）选择开瓶器内外轮廓锉削方法

1. 开瓶器加工面的表面粗糙度要求达到 $Ra3.2\ \mu m$，其形状也比较复杂，锉削时应如何选择锉刀？

答：（1）锉纹粗细的选择。制作开瓶器时需要粗锉、精锉，粗锉时选择 1 号（粗齿锉刀）锉纹，精锉时选择 3 号（细齿锉刀）锉纹。

（2）锉刀尺寸的选择。由于开瓶器的大部分轮廓都是圆弧，粗锉时可选择扁锉，精锉时可选择半圆锉和圆锉。

2. 锉刀的握法掌握得正确与否，对锉削质量、锉削力量的发挥和操作者的疲劳程度都有一定的影响。由于锉刀的大小和形状不同，锉刀的握法也应不同。观看锉刀的握法视频，根据锉刀的大小或长短，简述锉刀的握法。

答：（1）较大型锉刀（大于 250 mm）。用右手握锉刀柄，柄端顶住掌心，拇指放在锉刀柄的上部，其余手指满握锉刀柄。左手的基本握法是拇指自然屈伸，其余四指弯向手心，与手掌共同把持锉刀前端。其中左臂的肘部要适当抬起，不要有下垂的姿势，否则不能发挥力量。

（2）中型锉刀（200 mm 左右）。右手的握法与较大型锉刀的握法一样，左手只需拇指和食指捏住锉刀的前端，不必像握较大型锉刀那样施加很大的力。

（3）较小型锉刀（150 mm 左右）。由于需要施加的力较小，两手的握法也有所不同，用左手的手指压在锉刀的中部，右手食指伸直且靠在锉刀边上。这样的握法不易感到疲劳，锉刀也容易掌握平稳。

（4）更小型锉刀（150 mm 以下）。只要用一只手握住锉刀柄即可，食指在上面，拇指在左侧。用两只手握反而不方便，甚至可能压断锉刀。

3. 图 1–16 所示为锉削动作，查阅信息页并观看锉削动作视频，总结锉削动作要领。

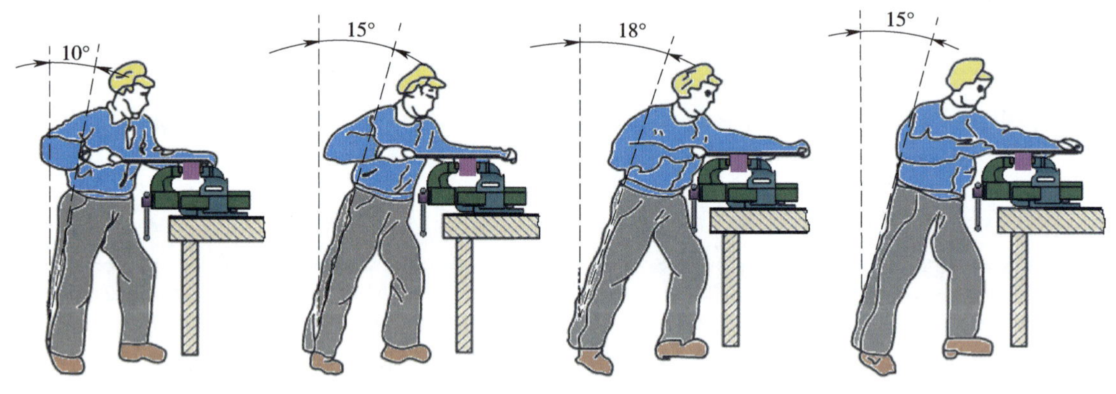

图 1–16　锉削动作

答：（1）开始时，身体前倾 10° 左右，右肘尽量向后收缩。

（2）锉刀长度推进 1/3 行程时，身体前倾 15° 左右，左腿稍有弯曲。

（3）锉至 2/3 行程时，身体前倾 18° 左右。

（4）锉削最后 1/3 行程时，右肘继续推进锉刀，但身体则须自然地退回至 15° 左右。

（5）锉削行程结束时，手和身体恢复到开始的姿势，同时将锉刀略微提起退回。

4. 开瓶器外轮廓是由圆弧面组成的，观看外圆弧面的锉削视频，总结锉削外圆弧面的操作要领。

答：锉削外圆弧面时，一般选用各种扁锉，有时也可用半圆锉的平面部分进行锉削。锉削时，需要保证锉刀同时完成两个方向的运动，即锉刀在做前进运动的同时还应绕工件圆弧的中心转动，常用的方法有以下两种：

（1）采用扁锉对着圆弧面锉削的方法。锉刀做直线推进运动的同时绕圆弧面中心做圆弧摆动，这种方法锉削力较大，效率比较高，但锉削后使整个锉削面呈多棱形，一般适用于圆弧面的粗加工。

（2）采用扁锉顺着圆弧面锉削的方法。锉刀做前进运动的同时绕工件的圆弧中心做上下摆动，右手下压的同时左手上提，即沿着圆弧面线均匀切去一层，使圆弧面光滑。这种方法锉削力不大，切削效率不高，只适用于精锉外圆弧面。

5. 开瓶器内轮廓是由连接平面和内圆弧面组成的，观看内圆弧面的锉削视频，总结锉削内圆弧面的操作要领。

答：在一般情况下，应先加工平面，后加工内圆弧面，以便于内圆弧面与平面光滑连接。如果先加工内圆弧面后加工平面，则在加工与内圆弧面连接的平面时，会由于锉刀侧面无依靠而产生左右移动，损伤已加工曲面，同时连接处也不易锉光滑。

锉削内圆弧面时必须选用半圆锉、圆锉或异形锉，并且要求锉刀的圆弧半径小于或等于加工圆弧的半径，当加工圆弧的半径较大时，也可选用方锉进行锉削加工。锉削内圆弧面时，必须使锉刀同时完成三个方向的运动，即前进运动、锉刀沿圆弧方向向左或向右移动、锉刀沿自身中心线的转动，这三个方向的运动必须同时作用于工件表面，才能保证锉出的内圆弧面光滑、准确。

七、选择检测量具

（一）选择长度的检测量具

开瓶器零件图上所标注的尺寸均未标注尺寸公差，采用游标卡尺可以满足长度测量需要。观看游标卡尺的结构与工作原理演示动画和游标卡尺的使用操作视频，并查阅信息页，回答下列问题。

1. 图 1–17 所示为游标卡尺的结构，说明该类游标卡尺的分度值是多少，该类游标卡尺有哪几种功能。

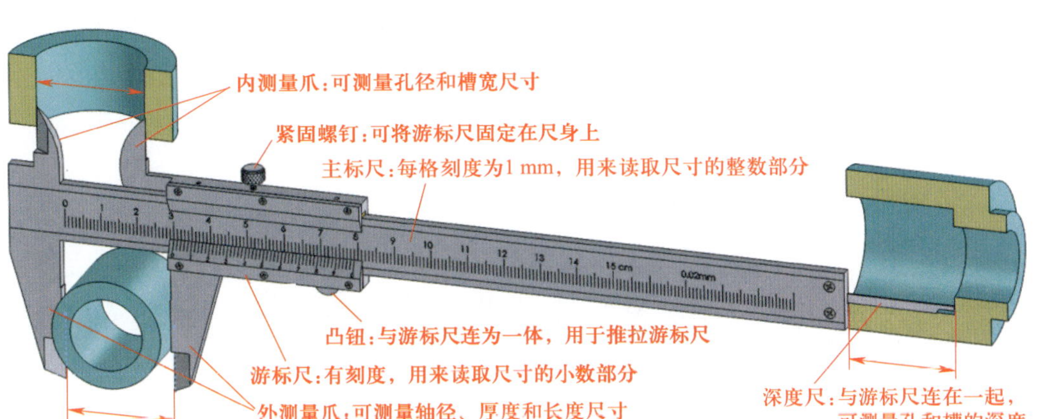

图 1–17　游标卡尺的结构

答：图 1–17 所示游标卡尺的分度值为 0.02 mm，其外测量爪可测量轴径、厚度和长度尺寸，内测量爪可测量孔径和槽宽尺寸，深度尺可测量孔和槽的深度。

2. 图 1–18 所示为游标卡尺的刻线原理图，说明游标卡尺的刻线原理。

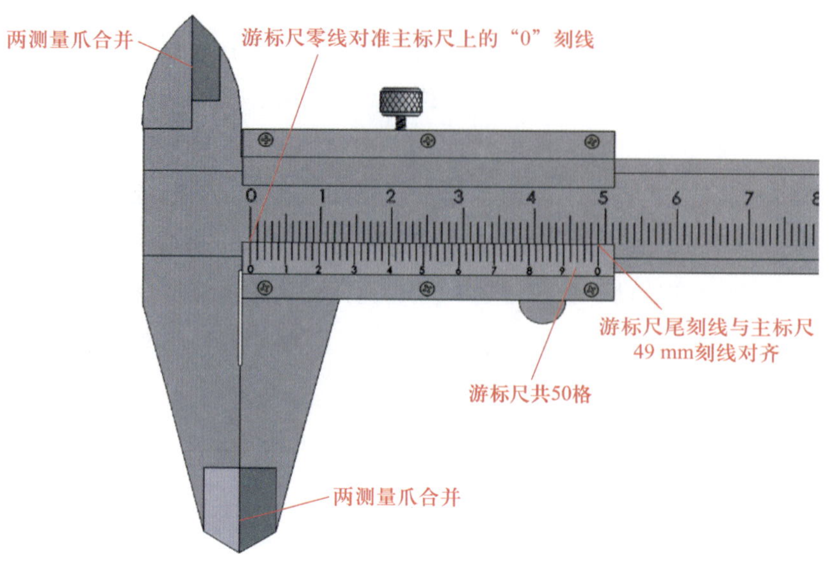

图 1–18 游标卡尺的刻线原理图

答：如图 1–18 所示，主标尺刻线每格是 1 mm，当两测量爪合并时，游标尺上的 50 格刚好与主标尺上的 49 格（49 mm）对正，则游标尺每格间距为 0.98 mm（49 mm ÷ 50=0.98 mm），主标尺每格间距与游标尺每格间距相差 0.02 mm（1 mm–0.98 mm=0.02 mm），即 0.02 mm 为该游标卡尺的分度值（最小读数值）。

3. 识读图 1–19 所示游标卡尺测量值。

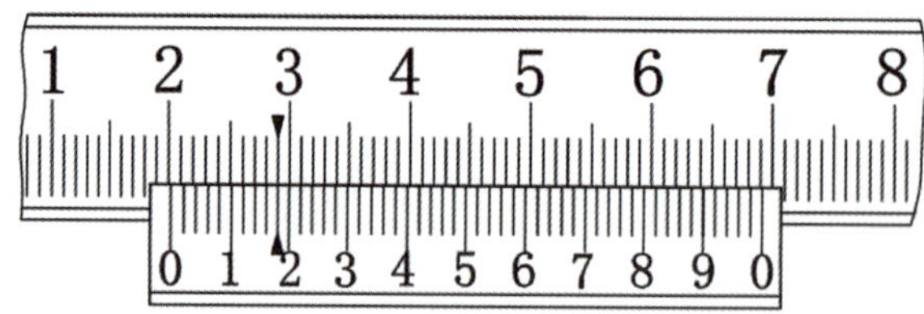

图 1–19 游标卡尺读数示例

答：1）读整数。在主标尺上读出位于游标零线左边的整数值为 20 mm。

2）读小数。找出游标尺上与主标尺对齐的刻线，用游标尺上与主标尺刻线对齐的刻线格数乘以游标卡尺的分度值，即 9 × 0.02 mm=0.18 mm。

3）求和。将上述两项读数值相加，即被测尺寸为 20 mm+0.18 mm=20.18 mm。

（二）选择圆弧面的检测量具

开瓶器内外轮廓有多个圆弧面，一般应用图 1–20 所示的半径样板进行检测，查阅信息页，说明半径样板的用法。

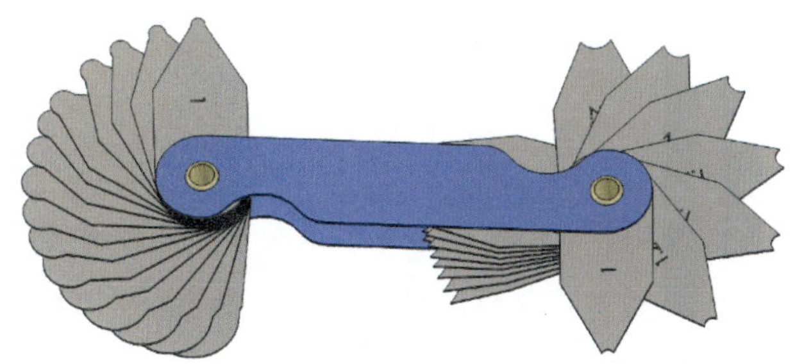

图 1–20 半径样板

答：半径样板通常包括凸面半径样板和凹面半径样板两类，其中凸面半径样板用于测量内圆弧面，凹面半径样板用于测量外圆弧面。

用半径样板检测圆弧半径时，先选择与被测圆弧半径名义尺寸相同的半径样板，将其紧靠被测圆弧，要求半径样板平面与被测圆弧垂直，用透光法查看半径样板与被测圆弧的接触情况，完全不透光为合格；如有透光现象，则说明被测圆弧的半径与所选半径样板的半径不相等，应根据透光情况，选择相近的半径样板再次进行测量。若要测量未知半径的圆弧，先估测圆弧的半径，用估测的半径样板进行测量，若完全吻合，说明所用半径样板的半径值即为被测圆弧的半径。

学习环节四　制作开瓶器

学习目标

1. 能在教师指导下，遵守安全操作规程，正确穿戴工装和劳动防护用品。

2. 能在教师指导下，依据开瓶器加工步骤，确定开瓶器加工过程所使用的工量刃具，并完成工量刃具的领取、校验，做好加工前的场地和设备准备工作。

3. 能根据开瓶器零件图，划出定位基准线、孔的定位线、内外轮廓线和锯削加工线。

4. 能根据孔的中心位置，钻开瓶器内轮廓孔和工艺孔，完成孔加工。

5. 能选择合适的錾削工具，按照划出的轮廓加工线，去除开瓶器内轮廓余料，完成开瓶器的錾削加工。

6. 能依据划出的内轮廓线，正确选用锉刀，完成开瓶器内轮廓的加工。

7. 能依据锯削加工线，锯掉多余边料，完成开瓶器外轮廓粗加工。

8. 能依据图样要求，完成开瓶器外轮廓的锉削加工。

9. 能在开瓶器加工过程中规范地使用游标卡尺、半径样板等量具进行适时测量，保证加工质量。

10. 能在教师指导下，按照车间“7S”管理规定和环保管理制度要求，小组合作完成工量刃具放置、现场整理和设备保养。

11. 能在作业过程中严格执行企业操作规范、安全生产制度、环保管理制度以及“7S”管理规定，逐步养成吃苦耐劳、爱岗敬业的工作态度和职业责任感。

建议学时

10 学时

学习要求

序号	学习步骤	学习内容	学时	备注
1	领取工量刃具和毛坯	1. 钳加工安全操作规程 2. 工量刃具和毛坯的领取与检查	0.5	
2	制作开瓶器	1. 划线 2. 钻孔 3. 錾削 4. 锉削开瓶器内轮廓 5. 锯削 6. 锉削开瓶器外轮廓 7. 检测 8. 记录加工过程中遇到的问题	9	
3	清理现场，归置物品	1. “7S” 管理制度 2. 设备、工具、量具的维护与保养	0.5	

学习步骤

一、领取工量刃具和毛坯

1. 熟悉工作环境

熟悉钳工车间和工作区的范围与限制，明确企业对安全生产事故隐患的预防措施。

2. 领取并检查工量刃具

领取并检查工量刃具的状况，填写工量刃具清单（表 1–11）。

表 1–11　　工量刃具清单

序号	名称	规格	数量	备注
1				
2				
3				
4				
5				
6				
7				
8				
9				
10				
11				
12				
13				
14				
15				
16				

3. 领取并检查毛坯

领取毛坯，测量毛坯外形尺寸，判断毛坯是否有足够的加工余量。

二、制作开瓶器

（一）划线

观看开瓶器的划线操作视频，回答问题并进行划线。

1. 划线时需要准备哪些工具、量具、辅具?

答:(1)工具:划针、划规、样冲、锤子。

(2)量具:钢直尺、游标卡尺、游标高度卡尺。

(3)辅具:蓝油、毛刷、木板(与毛坯等厚)等。

2. 观看开瓶器的划线演示动画,总结开瓶器的划线步骤。

答:清理毛坯上的锈迹,用蓝油涂色,晾干后进行划线。

1)根据图1–1所示尺寸,应用钢直尺和划针划出水平和垂直基准线,划出左端 ϕ9 mm 圆、*R*6 mm 圆弧中心线,划右端 *R*6 mm、*R*3 mm、*R*24 mm 圆弧中心线,并在各中心上用样冲打出样冲眼。

2)用划规划出左端 ϕ9 mm 圆和两个 *R*6 mm 圆弧,并根据圆弧相切画法划出 *R*5 mm 圆弧。

3)用划规划出右端 ϕ48 mm 圆弧、两个 *R*6 mm 圆弧、两个 *R*3 mm 圆弧和 *R*24 mm 圆弧,根据圆弧相切画法划出 *R*5 mm 圆弧,并划出开瓶器开口处其他直线段。

4)采用借料法划出与左端 *R*6 mm 圆弧和右端 ϕ48 mm 圆弧相切的 *R*120 mm 圆弧。

5)根据毛坯的大小,应用划针和钢直尺划出去除大部分余料的锯削线。

6)复核划线的正确性,包括尺寸、位置等。

3. 按照划线步骤,在毛坯上划出定位基准线、孔的位置线、内外轮廓线和锯削加工线。

(二)钻孔

观看开瓶器的钻孔操作视频,回答问题并进行钻孔。

1. 钻孔时应准备哪些工具?

答:钻夹头,钻夹头钥匙,ϕ3 mm、ϕ6 mm、ϕ9 mm、ϕ12 mm 直柄麻花钻。

2. 归纳开瓶器钻孔操作步骤。

答:(1)将 ϕ6 mm 钻头的钻柄插入钻夹头的三个卡爪内,夹持长度不能小于 15 mm,然后用钻夹头钥匙旋转外套,使环形螺母带动三个卡爪移动,进行夹紧。

(2)将钻夹头锥柄装入钻床主轴的锥孔中。

(3)将工件装夹到工作台上,装夹时工件底部要垫上垫块,以免钻孔时损坏工作台。钻孔时,先使钻头对准钻孔中心,钻出一浅坑,观察钻孔位置是否正确,并不断校正,使起钻浅坑与划线圆同轴。当起钻达到钻孔的位置要求后,夹紧工件完成钻孔,钻孔时用毛刷加注乳化液。手动进给时,进给力不宜过大,防止钻头发生弯曲,使孔歪斜。孔将钻穿时,进给力必须减小,以防止进给量突然过大,增大切削抗力,造成钻头折断,或使工件随钻头转动而造成事故。

(4)钻孔完毕,退出钻头。

(5)按上述方法钻 ϕ9 mm、ϕ12 mm 轮廓孔以及 ϕ3 mm 去料排孔。

3. 按照钻孔操作步骤,完成 ϕ6 mm、ϕ9 mm、ϕ12 mm 轮廓孔以及 ϕ3 mm 去料排孔的加工。

(三)去除内部余料

观看去除开瓶器内部余料的操作视频,回答问题并进行加工。

1. 錾削时应准备哪些工具?

答:扁錾、锤子。

2. 根据所选去除内部余料的方法，去除开瓶器内部余料。

（四）锉削开瓶器内轮廓

1. 为了使制作的开瓶器轮廓尺寸符合设计的尺寸要求，提高其表面质量，需要对其表面进行锉削，即用锉刀对工件表面进行切削加工。按断面形状不同，锉刀分为扁锉、方锉、三角锉、圆锉、半圆锉、菱形锉、刀形锉等，适用于加工不同形状的加工表面，如图 1–21 所示。锉削开瓶器内轮廓应选择哪几种锉刀？

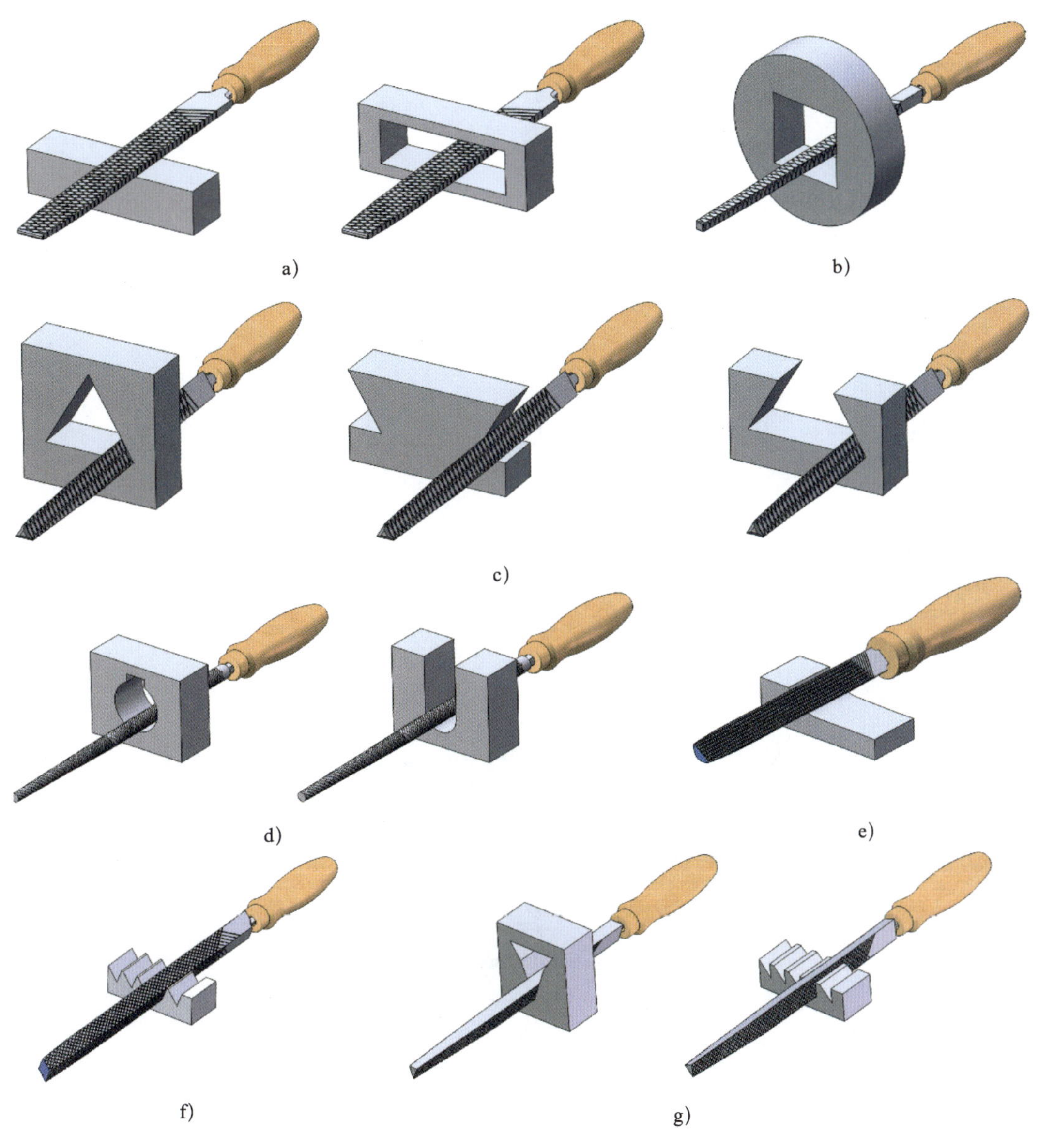

图 1–21　锉刀

a）扁锉　b）方锉　c）三角锉　d）圆锉　e）半圆锉　f）菱形锉　g）刀形锉

答：扁锉（粗齿、细齿）、半圆锉（粗齿、细齿）、圆锉（细齿）。

2. 观看开瓶器内轮廓锉削操作视频，归纳开瓶器内轮廓锉削操作步骤。

答：（1）粗锉。将开瓶器装夹在台虎钳上，应用粗齿扁锉和粗齿半圆锉锉削掉大部分余量。锉削过程中，要根据锉削部位，不断地变化工件装夹部位，尽量使锉削面平行于台虎钳面。锉削时应尽量采用顺向锉法。

（2）精锉。应用细齿扁锉、细齿半圆锉和细齿圆锉精锉各轮廓面。

（3）检测及修整。应用半径样板检测各圆弧形状并进行修整，以满足尺寸和加工质量要求。

3. 按照内轮廓锉削操作步骤，完成开瓶器内轮廓加工。

（五）去除外部余料

1. 锯削时应准备哪些设备和工具？

答：台虎钳、手锯（配细齿锯条）。

2. 开瓶器属于板料，锯削工件时应如何装夹？

答：锯削线与钳口平齐，将工件装夹到台虎钳上。

3. 图 1–22 所示为板料锯削示意图，按此方式沿锯削线锯掉余料。锯削时应注意哪些问题？

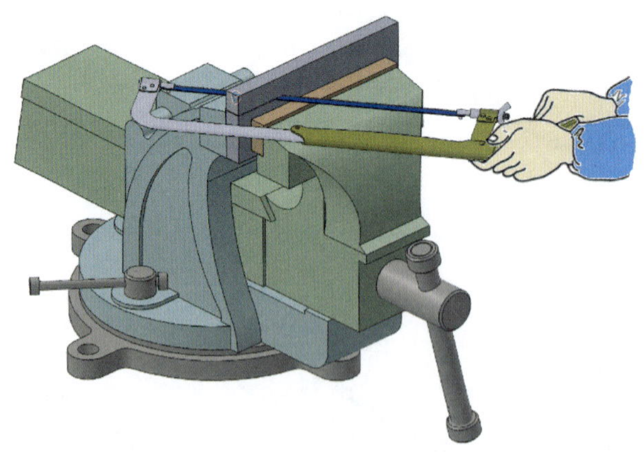

图 1–22　板料锯削

答：锯削时，手锯横向斜锯，使锯齿与板料的接触齿数增加，以免锯齿崩裂。

4. 观看开瓶器的锯削操作视频，沿锯削线锯掉开瓶器多余余料。

（六）锉削开瓶器外轮廓

1. 锉削开瓶器外轮廓，应选择哪类锉刀？

答：扁锉（粗齿、细齿）、半圆锉（粗齿、细齿）、圆锉（细齿）。

2. 观看开瓶器外轮廓锉削操作视频，锉削开瓶器外轮廓，达到图样要求，完成开瓶器的制作。

（七）检测

应用游标卡尺、半径样板等量具，按图样尺寸进行检测，记录检测结果。

（八）记录加工过程中遇到的问题

在表 1-12 中记录开瓶器加工过程中遇到的问题，并分析问题的产生原因、预防措施与改进办法。

表 1-12 开瓶器加工过程中遇到的问题记录单

序号	问题	产生原因	预防措施	改进办法
1				
2				
3				
4				
5				
6				

三、清理现场，归置物品

完成开瓶器的制作后，按照“7S”管理规定要求，保养工量刃具，清理现场，合理归置物品，并回答以下问题。

1. 钻床日常维护与保养工作的内容有哪些？检查对钻床所做的维护与保养工作是否到位。

答：钻床日常维护与保养工作的内容包括：班前用棉纱擦净外露导轨面和工作台面的灰尘、油污，按规定在润滑部位加注润滑油，检查各手柄位置是否正确；班后将切屑全部清扫干净，擦净机床各部位，将各运动部位退回初始位置。

2. 台虎钳日常维护与保养工作的内容有哪些？

答：将台虎钳的活动钳身旋出，使其与固定钳身分离，清除内部杂物，并在螺杆、螺杆螺母和其他活动表面加润滑油进行润滑，保持清洁，防止生锈。

3. 合理使用及保养锉刀可以延长锉刀的使用期限，避免因为使用、保养不当而使其过早损坏。应如何正确保养及使用锉刀？

答：（1）不可用锉刀锉毛坯的硬皮或氧化皮以及经过淬硬的工件，否则锉齿很容易磨损。

（2）锉刀应先用一面，一面用钝后再用另一面。因为用过的锉刀面容易生锈，两面同时使用，将缩短锉刀总的使用期限。

（3）锉刀每次使用完毕，应用刷子刷去锉纹中残留的切屑，以免锉刀生锈。使用过程中若发现切屑嵌入锉纹，要及时将其剔除。

（4）锉刀放置时不能与其他锉刀互相重叠堆放，以免损坏锉齿。

（5）避免锉刀沾水、沾油，以防锉刀生锈或锉削时打滑。

（6）不能把锉刀当作装拆工具，若用其敲击或撬动其他物品，很容易损坏。

（7）使用整形锉时，不可用力过猛，以免锉刀折断。

4. 维护与保养量具的注意事项有哪些？

答：（1）不要用磨石、砂布等硬物擦拭量具的测量面和刻线部分。非计量检修人员严禁拆卸、修理量具。

（2）量具的存放地点要求清洁、干燥，无振动，无腐蚀性气体。不要把量具放在磁场附近，以免磁化后测量面沾上金属粉末，造成测量误差或磨坏测量面。

（3）不要用手摸量具的测量面，以免汗渍、潮湿脏物污染测量面，使它生锈。

（4）不要把量具与其他工具、刃具混放在一起，以免碰伤。

（5）量具使用完毕要擦拭干净，松开紧固装置，使各部件处于自然放松状态，在测量面上涂防锈油，放入专用盒内，不要使两个测量面接触。

学习环节五　零件检测与加工质量分析

学习目标

1. 能根据开瓶器检测要素，正确领取检测量具。

2. 能按产品质量检验单要求，规范应用游标卡尺和半径样板等通用量具，准确地完成开瓶器加工质量检测。

3. 能在教师指导下，依据开瓶器的检测结果，对产生的质量问题进行分析，优化加工方案。

4. 能在教师指导下，按照保养规范要求，完成游标卡尺、半径样板的维护与保养。

建议学时

4 学时

学习要求

序号	学习步骤	学习内容	学时	备注
1	领取检测量具	检测量具的领取与检查	0.5	
2	检测开瓶器	1. 游标卡尺的应用 2. 半径样板的应用	1.5	
3	分析加工质量	开瓶器加工质量分析	1	
4	保养及归还量具	游标卡尺的维护与保养	0.5	
5	交付产品	产品交付步骤	0.5	

学习步骤

一、领取检测量具

分析开瓶器检测要素，领取检测量具，填入表 1-13 中。

表 1-13　开瓶器检测要素及量具表

序号	检测要素	量具名称	量具规格

续表

序号	检测要素	量具名称	量具规格

二、检测开瓶器

按表 1–14 中项目与技术要求进行检测。

表 1–14 开瓶器检测项目与技术要求表

序号	名称	配分	项目与技术要求	评分标准	检测记录	得分
1	主要尺寸（50 分）	4	24 mm	超差不得分		
2		4	ϕ48 mm	超差不得分		
3		4	R24 mm	超差不得分		
4		2 × 4	R5 mm（凸弧，2 处）	超差不得分		
5		2 × 4	R6 mm（凹弧，2 处）	超差不得分		
6		2 × 4	R120 mm（凹弧，2 处）	超差不得分		
7		2 × 3	R6 mm（凸弧，2 处）	超差不得分		
8		4	R5 mm（凹弧）	超差不得分		
9		4	ϕ9 mm	超差不得分		
10	次要尺寸（25 分）	4	92 mm	超差不得分		
11		2 × 3	16 mm（2 处）	超差不得分		
12		3	14 mm	超差不得分		
13		3	18 mm	超差不得分		
14		2 × 3	R3 mm（凹弧，2 处）	超差不得分		
15		3	6 mm	超差不得分		
16	表面粗糙度（10 分）	10 × 1	Ra3.2 μm（仅检测 10 处表面）	降级不得分		
17	主观评分（10 分）	3.5	已加工零件倒角、倒圆、倒钝锐边、去毛刺是否符合图样要求			
18		3.5	已加工零件是否有划伤、碰伤和夹伤			
19		3	已加工零件与图样要求的一致性以及其余表面粗糙度			
20	更换或添加毛坯（5 分）	5	是否更换或添加毛坯		是 / 否	
21	职业素养	扣分	能正确穿戴工作服、工作鞋、安全帽和护目镜等劳动防护用品。每违反一项扣 2 分			
22			能规范使用设备、工具、量具和辅具。每违反一次扣 2 分			
23			能做好设备清洁、保养工作。不清洁、不保养扣 3 分；清洁、保养不彻底扣 2 分			
总配分		100	总得分			

三、分析加工质量

根据检测结果，分析不合格项目的产生原因，并提出预防与改进措施，完成开瓶器加工质量分析表（表 1–15）的填写。

表 1–15　　开瓶器加工质量分析表

序号	不合格项目	产生原因	预防与改进措施
1			
2			
3			
4			
5			
6			
7			
8			
9			
10			

四、保养及归还量具

检测完毕，规范维护与保养所用量具，并按要求归还。

五、交付产品

将合格产品交付生产技术部。

学习环节六　工作总结与评价

学习目标

1. 能在教师指导下，以小组合作方式完成成果汇报，按分组情况展示作品，讲述任务完成情况。
2. 能在教师指导下，记录其他小组对作品的评价和改进建议，总结工作经验，优化加工策略。
3. 能在教师指导下，结合开瓶器制作完成情况，撰写工作总结，并进行成本估算。
4. 能按照“开瓶器的制作”学习任务考核表完成综合评价。

建议学时

4 学时

学习要求

序号	学习步骤	学习内容	学时	备注
1	展示与评价作品	1. 作品展示与评价 2. 缺陷原因分析	2	
2	总结工作经验	1. 工作总结方法 2. 加工策略优化	1	
3	估算成本	成本估算方法	1	

学习步骤

一、展示与评价作品

以小组为单位派出代表介绍自己小组的优秀作品，通过作品展示，锻炼小组成员的表达能力，同时提升每一位成员的专业素养。

1. 选出组内评价较高的作品进行展示，并就作品的实用性、工艺性和产品质量等内容做必要介绍，听取并记录其他小组对本组作品的评价和改进建议。

（1）实用性

建议：开瓶器起开瓶作用的部分为头部内轮廓，教师引导学生从开瓶器开瓶的效果来评价作品。

（2）工艺性

建议：教师引导学生从开瓶器的实际加工工艺方面进行评价，并提出改进建议。

（3）产品质量

尺寸精度：

建议：教师引导学生通过检测产品的实际尺寸来评价各尺寸的精度。

表面粗糙度：

建议：教师引导学生应用表面粗糙度比较样块来检测产品的表面粗糙度。

2. 所展示作品中有哪些部位存在尺寸缺陷和表面质量缺陷？简要分析是什么原因导致的，并提出避免产生质量缺陷的加工建议。

（1）质量缺陷

尺寸缺陷：

建议：内轮廓锉削较难，加上学生练习时间少，容易出现尺寸不合格的现象。教师引导学生从加工工艺、所用刀具、各项基本操作技能等方面总结产生尺寸缺陷的原因。

表面质量缺陷：

建议：内轮廓锉削较难，加上学生练习时间少，容易出现表面质量不合格的现象。教师引导学生从加工工艺、所用刀具、各项基本操作技能等方面总结产生表面质量缺陷的原因。

（2）试提出避免产生质量缺陷的加工建议。

建议：教师引导学生主要从加工工艺、所用刀具、各项基本操作技能等方面提出避免产生质量缺陷的加工建议。

（3）如果下次接到相似的任务，在加工过程中，应优化哪些加工策略？

建议：教师引导学生从加工工艺和各项基本操作技能等方面入手，优化加工策略。

二、总结工作经验

总结制作开瓶器的心得体会。

1. 通过制作开瓶器，掌握了哪些钳工工艺知识？

建议：教师引导学生从划线、锯削、錾削、锉削、孔加工、检测等工艺方面入手，整理所掌握的钳工工艺知识。

2. 通过制作开瓶器，掌握了哪些钳工操作技能？

建议：教师引导学生从划线、锯削、錾削、锉削、孔加工、检测等操作方面入手，整理所掌握的钳工操作技能。

3. 按照本任务给定的加工工艺过程卡的加工顺序进行加工，对保障产品精度和质量有哪些意义？若变更加工顺序会产生哪些影响？

建议：教师从制定加工顺序的目的和作用入手，引导学生回答问题。

三、估算成本

1. 总结加工内容、工时，填入表 1–16 并进行成本估算。

表 1–16　开瓶器制作成本估算

序号	加工内容	工时	成本估算项目			成本估算值
			设备	能源	辅料	
1						
2						
3						
4						
5						
6						
7						
8						
9						
10						

2. 在估算开瓶器的成本时，考虑人工费、管理费、税费了吗？如果要计算人工费、管理费、税费，开瓶器的成本应如何估算？重新估算后，把相关追加的成本因素写下来。

建议：在估算开瓶器的成本时，重点考虑材料费和人工费。在计算材料费时，让学生先计算毛坯的体积和质量（质量公式：$m=\rho V$），然后查询当地材料的价格，计算出材料的费用。人工费的估算要参考当地用人成本，并结合开瓶器的制作时间进行估算。

“开瓶器的制作”学习任务考核表

考核项目			考核方式及权重					
序号	考核内容	配分	自评		互评		师评	
			占比	得分	占比	得分	占比	得分
1	开瓶器生产任务单的填写	10	20%		30%		50%	
2	开瓶器加工工艺过程卡的识读	15	—		30%		70%	
3	游标卡尺的使用	15	—		20%		80%	
4	开瓶器内轮廓余料的去除	15	—		20%		80%	
5	台式钻床安全操作规程的执行	10	—		—		100%	
6	开瓶器外轮廓精度的检测	15	—		20%		80%	
7	开瓶器加工问题的分析	10	10%		30%		60%	
8	开瓶器作品的展示	10	30%		30%		40%	
合计		100						

任务拓展

制作 U 形板

一、任务描述

某企业需要制作 30 件如图 1–23 所示 U 形板，毛坯为 65 mm × 55 mm × 8 mm 板料，材料为 45 钢。生产技术部将该项生产任务安排给钳工组，U 形板表面要求光洁、美观、无毛刺。观看 U 形板的制作微课，明确任务内容。

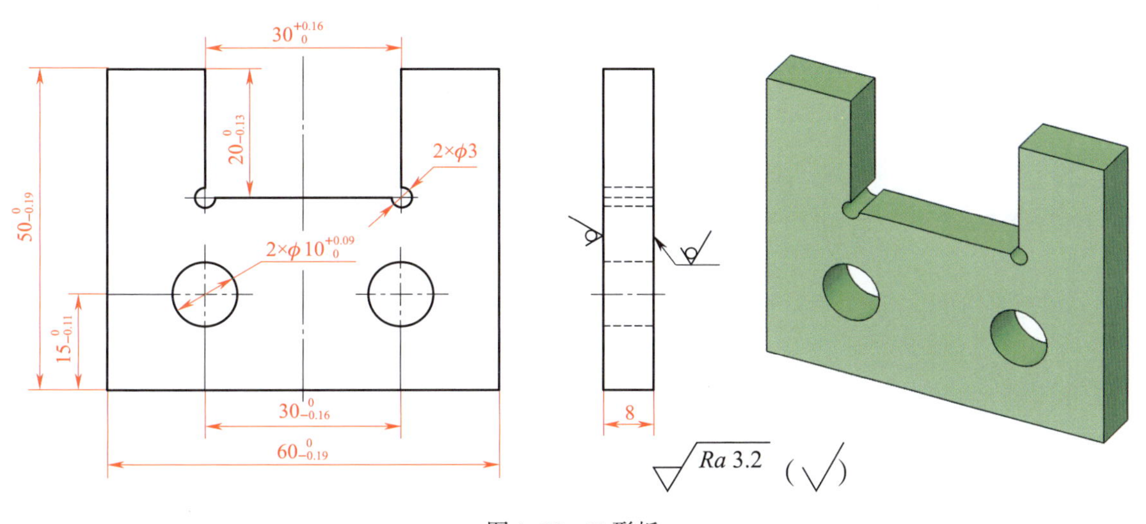

图 1–23　U 形板

二、评分标准

按表 1–17 中项目与技术要求检测 U 形板尺寸是否合格。

表 1–17　　U 形板检测项目与技术要求表

序号	名称	配分	项目与技术要求	评分标准	检测记录	得分
1	主要尺寸（51 分）	8	$15^{0}_{-0.11}$ mm	超差不得分		
2		8	$30^{0}_{-0.16}$ mm	超差不得分		
3		8	$20^{0}_{-0.13}$ mm	超差不得分		
4		9	$30^{+0.16}_{0}$ mm	超差不得分		
5		9	$50^{0}_{-0.19}$ mm	超差不得分		
6		9	$60^{0}_{-0.19}$ mm	超差不得分		
7	次要尺寸（24 分）	2×5	$\phi3$ mm（2 处）	超差不得分		
8		2×7	$\phi10^{+0.09}_{0}$ mm（2 处）	超差不得分		
9	表面粗糙度（10 分）	10×1	$Ra3.2$ μm（10 处）	降级不得分		
10	主观评分（10 分）	3.5	已加工零件倒角、倒圆、倒钝锐边、去毛刺是否符合图样要求			
11		3.5	已加工零件是否有划伤、碰伤和夹伤			
12		3	已加工零件与图样要求的一致性以及其余表面粗糙度			
13	更换或添加毛坯（5 分）	5	是否更换或添加毛坯		是 / 否	
14	职业素养	扣分	能正确穿戴工作服、工作鞋、安全帽和护目镜等劳动防护用品。每违反一项扣 2 分			
15			能规范使用设备、工具、量具和辅具。每违反一次扣 2 分			
16			能做好设备清洁、保养工作。不清洁、不保养扣 3 分；清洁、保养不彻底扣 2 分			
总配分		100	总得分			

学习任务二　錾口手锤的制作

任务描述

【任务情景】某企业装配线上由于特殊的装配需要，需定制图 2–1 所示的錾口手锤，数量为 30 件，毛坯为 ϕ30 mm × 90 mm 的棒料，材料为 45 钢，工期为 5 天。生产主管计划由钳工组完成加工任务。

【任务要求】錾口手锤由凹凸圆弧面、锥体、长方体、倒角和螺孔等要素组成，加工时应控制轮廓精度为 12 级，表面粗糙度值为 *Ra*3.2 μm，尺寸精度为 IT10 ~ IT8 级，加工过程中应保证螺孔的位置精度。在制作过程中，严格按照工艺文件流程进行制作，遵守钳工车间安全生产制度和操作规范。

【任务资料】錾口手锤生产任务单、錾口手锤零件图、錾口手锤加工工艺过程卡、领料单、工量刃具借（还）交接单、錾口手锤质量检测表、产品交接单等。

观看錾口手锤的制作微课，明确任务内容。

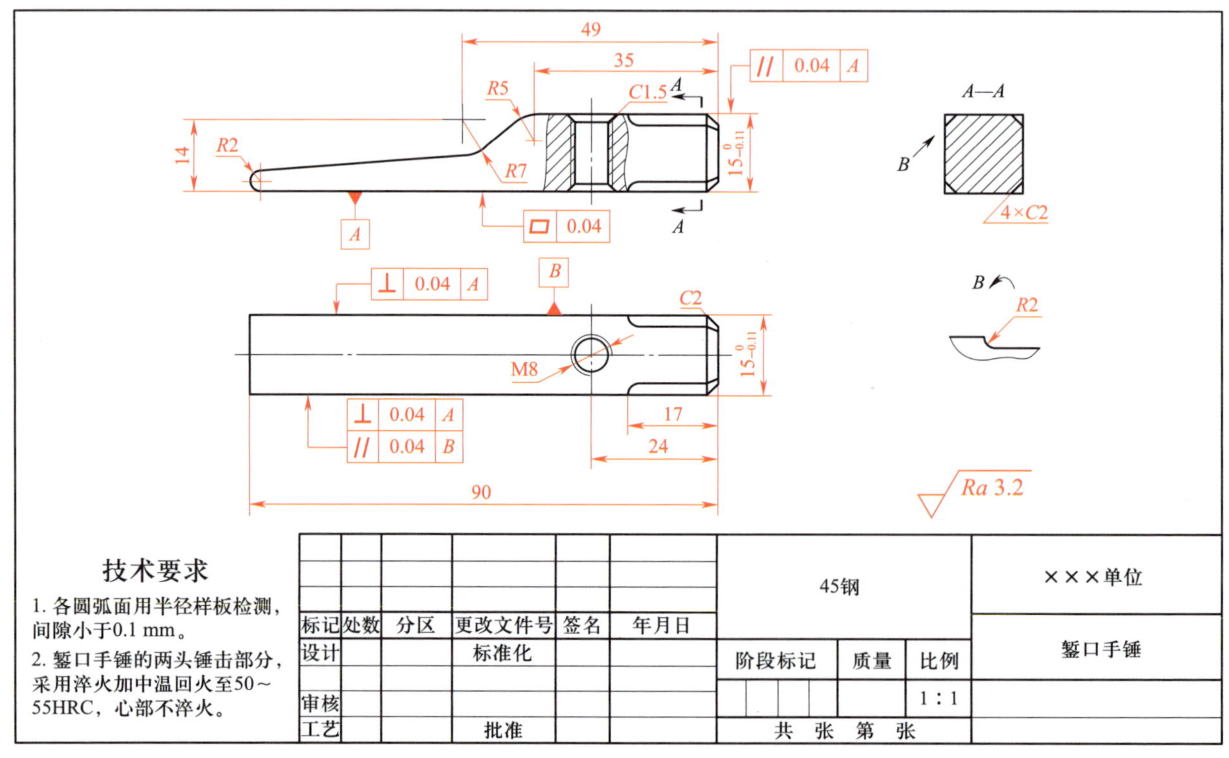

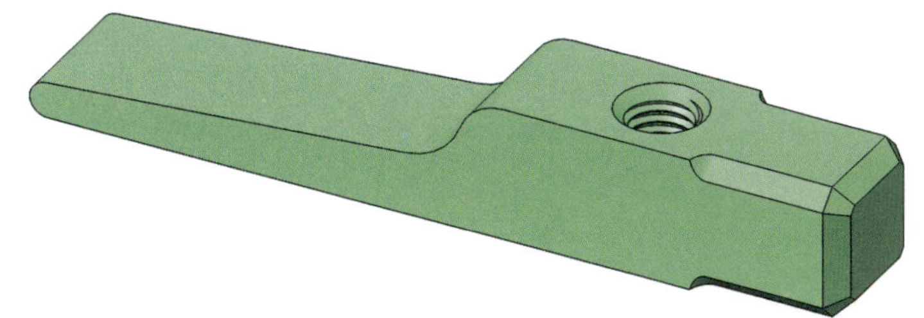

图 2-1　錾口手锤

学习目标及学时

序号	学习环节	学时	学习目标
1	接受工作任务	4	能依据信息页等资料，正确识读生产任务单和錾口手锤零件图，准确获取工作任务、零件尺寸和加工质量等信息
2	确定加工步骤	4	能根据任务要求，以小组合作方式共同制订合理的工作进度计划；能正确阅读錾口手锤加工工艺过程卡，明确錾口手锤加工步骤
3	加工准备	10	能通过查阅信息页或观看操作视频，学习平面锉削、攻螺纹、热处理等操作，学会检测平面度、平行度和垂直度
4	制作錾口手锤	14	能依据錾口手锤加工步骤，正确领取工量刃具，严格遵守钳工安全操作规程，完成錾口手锤的制作
5	零件检测与加工质量分析	4	能按产品质量检验单要求，应用千分尺、刀口尺、直角尺、塞规等量具完成錾口手锤加工质量检测，并进行产品质量分析及方案优化
6	工作总结与评价	4	能使用专业术语讲述任务完成情况，记录评价和改进建议，总结工作经验，优化加工策略，规范撰写工作总结

学习路径

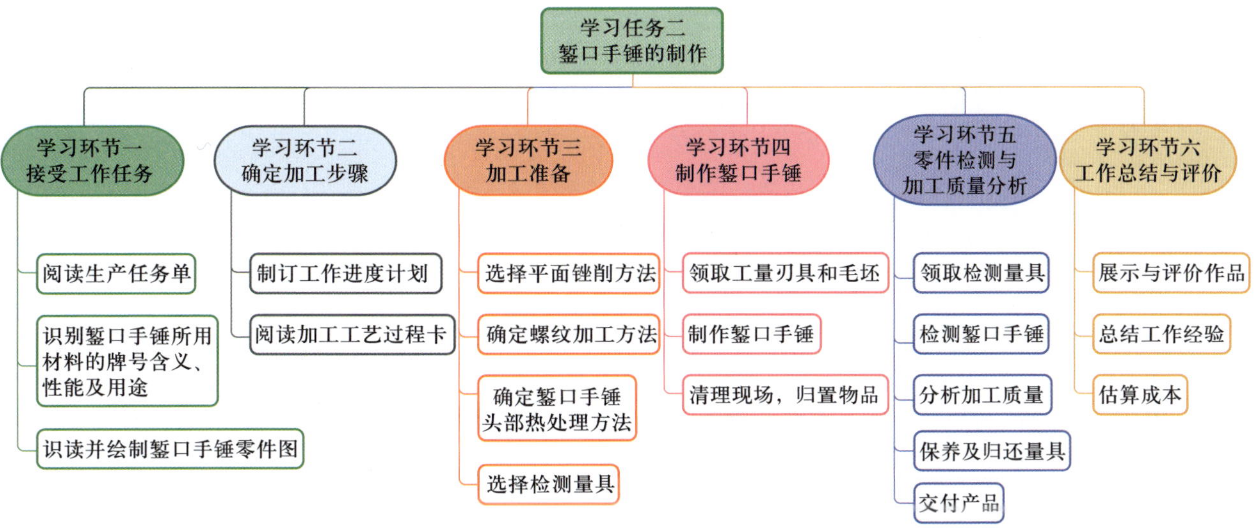

学习环节一　接受工作任务

学习目标

1. 能以小组合作方式，从生产主管处领取并正确阅读生产任务单，准确获取零件名称、制作材料、零件数量和完成时间等任务信息。

2. 能以小组合作方式，通过查阅信息页等资料，正确识别錾口手锤所用材料的牌号含义、性能及用途。

3. 能以小组合作方式，通过查阅信息页等资料，正确识读錾口手锤零件图，准确获取錾口手锤的形状、尺寸、表面粗糙度、几何公差、材料等加工信息。

4. 能以小组合作方式，确定錾口手锤零件图的绘制方法，正确、规范地绘制錾口手锤零件图。

建议学时

4 学时

学习要求

序号	学习步骤	学习内容	学时	备注
1	阅读生产任务单	生产任务信息的收集与提取	0.5	
2	识别錾口手锤所用材料的牌号含义、性能及用途	优质碳素结构钢	0.5	
3	识读并绘制錾口手锤零件图	1. 图样的基本表示法 2. 螺纹的表示法 3. 几何公差标注 4. 表面结构要求 5. 钢的热处理	3	

学习步骤

一、阅读生产任务单

（一）领取生产任务单

从生产主管处领取錾口手锤生产任务单（表 2–1）。

表 2-1 錾口手锤生产任务单

<table>
<tr><td colspan="3">单　　号：</td><td colspan="3">开单时间：　　年　　月　　日　　时</td></tr>
<tr><td colspan="3">开单部门：</td><td colspan="3">开 单 人：</td></tr>
<tr><td colspan="3">接 单 人：　　　部　　　组</td><td colspan="3">签　　名：</td></tr>
<tr><td colspan="6">以下由开单人填写</td></tr>
<tr><td>序号</td><td>产品名称</td><td>材料</td><td colspan="2">数量</td><td>技术标准、质量要求</td></tr>
<tr><td>1</td><td>錾口手锤</td><td>45 钢</td><td colspan="2">30</td><td>按图样要求</td></tr>
<tr><td></td><td></td><td></td><td colspan="2"></td><td></td></tr>
<tr><td></td><td></td><td></td><td colspan="2"></td><td></td></tr>
<tr><td></td><td></td><td></td><td colspan="2"></td><td></td></tr>
<tr><td colspan="2">任务细则</td><td colspan="4">1. 到仓库领取相应的材料
2. 根据现场情况选用合适的工具、量具和设备
3. 根据加工工艺进行加工，交付检验
4. 填写生产任务单，清理工作场地，完成工具、量具和设备的维护与保养</td></tr>
<tr><td colspan="2">任务类型</td><td>☑钳加工</td><td colspan="2">完成工时</td><td>40 h</td></tr>
<tr><td colspan="6">以下由开单人填写</td></tr>
<tr><td colspan="2">领取材料</td><td></td><td colspan="3" rowspan="2">仓库管理员（签名）

年　月　日</td></tr>
<tr><td colspan="2">领取工具、量具</td><td></td></tr>
<tr><td colspan="2">完成质量
（小组评价）</td><td></td><td colspan="3">班组长（签名）

年　月　日</td></tr>
<tr><td colspan="2">用户意见
（教师评价）</td><td></td><td colspan="3">用户（签名）

年　月　日</td></tr>
<tr><td colspan="2">改进措施
（反馈改良）</td><td colspan="4"></td></tr>
</table>

注：生产任务单与零件图、加工工艺过程卡一起领取。

（二）获取生产任务信息

1. 阅读生产任务单，将零件名称、制作材料、零件数量和完成时间填入表 2-2。

表 2-2 生产任务信息

零件名称	錾口手锤	制作材料	45 钢
零件数量	30	完成时间	40 h

2. 錾口手锤由哪个生产班组进行加工?

答：錾口手锤由钳工组进行加工。

二、识别錾口手锤所用材料的牌号含义、性能及用途

由生产任务单（表 2–1）可知，制作錾口手锤的材料为 45 钢。借助信息页，查阅 45 钢的牌号含义、性能及用途。

1. 45 钢是一种常见的优质碳素结构钢，优质碳素结构钢的牌号是如何定义的？ 45 钢的含碳量是多少?

答：优质碳素结构钢的牌号用两位数字表示，这两位数字表示该钢平均含碳量的万分数。“45”表示平均含碳量为 0.45% 的优质碳素结构钢。

2. 45 钢具有哪些力学性能?

答：国家标准《优质碳素结构钢》（GB/T 699—2015）规定，45 钢的抗拉强度为 600 MPa，屈服强度为 355 MPa，断后伸长率为 16%，断面收缩率为 40%。

3. 45 钢具有哪些特性和用途?

答：45 钢属于中碳钢，具有一定的塑性和韧性、较高的强度、良好的切削性能，采用调质可获得很好的综合力学性能。45 钢主要用于制造受力较大的机械零件，如连杆、曲轴、齿轮和联轴器等。

三、识读并绘制錾口手锤零件图

（一）识读錾口手锤零件图

1. 錾口手锤的零件图主要应用了哪几个视图来表达零件的几何特征？各视图分别表达了錾口手锤的哪些几何特征?

答：錾口手锤零件图使用了主视图、俯视图和剖视图来表达其主要特征。通过识读主视图可以了解錾口手锤的基本形状、錾口和中间圆弧的大小及圆心位置、孔的形状等信息；通过识读俯视图可以了解錾口手锤的长度、倒角的长度以及孔的位置尺寸等信息；通过识读剖视图可以了解錾口手锤锤体的断面形状以及棱边倒角的大小。

2. 将机件向不平行于基本投影面的平面投射所得的视图称为斜视图。图 2–1 中 *B* 向视图为斜视图，它主要表达錾口手锤的哪部分结构？如何识读斜视图?

答：图 2–1 中的 *B* 向视图主要表达了锤体倒角尾部圆弧的大小。

斜视图常用于表达零件上的倾斜结构。画出倾斜结构的实形后，零件的其余部分不必画出，在适当位置用波浪线或双折线断开即可。斜视图的配置和标注与向视图的规定一致，必要时允许将斜视图旋转配置。此时应按向视图标注，且加注旋转符号。旋转符号为半径等于字体高度的半圆弧，表示斜视图名称的大写拉丁字母靠近旋转符号的箭头端。

3. 图 2–1 中的尺寸标注“4 × *C*2”表示什么含义?

答：字母“*C*”是 45°倒角的简化形式，“*C*2”表示 2 × 45°。“4 × *C*2”表示锤体 4 个棱边的倒角都是 2 × 45°。

4. 计算图 2–1 中“$15_{-0.11}^{\ 0}$”的上、下极限尺寸。这样标注尺寸的意义是什么?

答：上极限尺寸为 15.00 mm，下极限尺寸为 14.89 mm。

极限尺寸是尺寸要素的尺寸所允许的极限值，分为上极限尺寸和下极限尺寸。上极限尺寸是指尺寸要素允许的最大尺寸，下极限尺寸是指尺寸要素允许的最小尺寸，合格零件的测量尺寸应在上极限尺寸和下极限尺寸之间，也可等于极限尺寸。零件的测量尺寸大于上极限尺寸或小于下极限尺寸，该零件就不合格。

5. 图 2–1 中的尺寸标注“M8”表示什么含义?

答：图 2–1 中的尺寸标注“M8”表示普通三角形粗牙螺纹，其牙型角为 60°，螺距为 1.25 mm。

6. 图 2–1 中的符号“*A*”“*B*”表示基准符号，解释基准符号的含义。

答：基准符号由一个方框和一个涂黑的等边三角形用细实线连接而成，在基准方框内标注表示基准的字母。

7. 图 2–1 中除包含基本的尺寸信息外，还包含了平行度、平面度和垂直度等几何公差信息。说明下列几何公差的具体含义。

（1）∥ 0.04 *A* 表示：

答：“∥”为表示平行度的符号。平行度是限制被测要素（平面或直线）相对于基准要素（平面或直线）在平行方向上变动全量的一项指标，用来控制被测要素相对于基准要素在平行方向偏离的程度。图 2–1 中的 ∥ 0.04 *A* 表示錾口手锤上平面应限定在间距等于 0.04 mm 且平行于基准平面 *A* 的两平行平面之间。

（2）▱ 0.04 表示：

答：“▱”为表示平面度的符号。平面度是指单一实际平面所允许的变动全量。图 2–1 中的 ▱ 0.04 表示錾口手锤被测平面 *A* 的平面度误差应限定在间距等于 0.04 mm 的两平行平面之间。

（3）⊥ 0.04 *A* 表示：

答：“⊥”为表示垂直度的符号。垂直度是限制被测要素（平面或直线）相对于基准要素（平面或直线）在垂直方向上变动全量的一项指标，用来控制被测要素相对于基准要素的方向偏离 90° 的程度。图 2–1 中的 ⊥ 0.04 *A* 表示錾口手锤前后面应限定在间距等于 0.04 mm 且垂直于基准平面 *A* 的两平行平面之间。

8. 图 2–1 中的符号“√*Ra* 3.2”为表面结构代号，说明该代号所表示的具体含义。

答：表面结构的基本图形符号为“√”，是由两条不等长且成 60° 夹角的直线构成的，仅用于简化代号标注，不能单独使用。扩展图形符号有“√”和“√”两种。前者在基本图形符号上加一短横，表示指定表面用去除材料的方法获得，如通过机械加工获得的表面；后者在基本图形符号上加一圆圈，表示指定表面用非去除材料的方法获得。完整表面结构图形符号为“√‾”“√‾”“√‾”，当要求标注表面结构特征的补充信息时，应在图形符号的长边上加一横线。注写了表面结构参数或其他有关要求后的表面结构图形符号称为表面结构代号。“√*Ra* 3.2”表示表面用去除材料的方法获得，轮廓算术平均偏差 *Ra* 的单向上限值为 3.2 μm。

9. 如图 2–1 所示，为什么符号“$\sqrt{Ra\ 3.2}$”没有标注在零件加工表面上，而是放在了标题栏的上方？

答：国家标准规定，当多个表面具有相同的表面结构要求时，可将表面结构代号统一标注在标题栏附近，“$\sqrt{Ra\ 3.2}$”表示图中未标注表面结构代号的表面均用去除材料的方法获得，其轮廓算术平均偏差 *Ra* 的单向上限值为 3.2 μm。

10. 在零件的技术要求中有一项是“淬火加中温回火至 50 ~ 55HRC”，查阅信息页，说明淬火加中温回火的含义。

答：淬火是将钢加热到适当温度，经保温后快速冷却，以提高钢的强度、硬度和耐磨性的工艺方法。回火是将淬火后的钢重新加热到某一较低温度，保温后再冷却到室温的热处理工艺。中温回火的加热温度一般为 350 ~ 500℃。钢淬火后的组织处于不稳定状态，会自发地向稳定组织转变，从而引起工件变形甚至开裂。因此，淬火后必须马上进行回火处理，以稳定组织，消除内应力，防止工件变形、开裂，并获得所需的力学性能。

（二）绘制錾口手锤零件图

为了进一步熟悉錾口手锤的图样信息，按照原图抄画錾口手锤零件图（可附图纸，粘贴于此）。

学习环节二　确定加工步骤

学习目标

1. 能根据工作任务要求，以小组合作方式制订合理的工作进度计划，并根据小组成员的特点进行分工。

2. 能以小组合作方式，准确识读錾口手锤加工工艺过程卡，获取工序信息，确定錾口手锤的加工步骤。

3. 能依据錾口手锤加工步骤，绘制工序简图。

4. 能查阅基准的选择原则等资料，正确设计锯、锉长方体的加工步骤和精锉顺序。

5. 能通过阅读錾口手锤加工工艺过程卡，明确錾口手锤热处理部位和热处理要求。

建议学时

4 学时

学习要求

序号	学习步骤	学习内容	学时	备注
1	制订工作进度计划	工作进度计划	0.5	
2	阅读加工工艺过程卡	1. 錾口手锤加工工艺过程卡 2. 基准的选择	3.5	

学习步骤

一、制订工作进度计划

根据生产任务工时，依据任务要求，制订合理的工作进度计划（表 2–3），并根据小组成员的特点进行分工。

表 2–3　　工作进度计划

序号	工作内容	时间	成员	负责人
1	确定加工步骤			

续表

序号	工作内容	时间	成员	负责人
2	加工准备			
3	制作錾口手锤			
4	零件检测与加工质量分析			
5	工作总结与评价			

二、阅读加工工艺过程卡

（一）获取錾口手锤加工工艺信息

阅读錾口手锤加工工艺过程卡（表 2–4），获取錾口手锤加工工艺信息。

表 2–4　　錾口手锤加工工艺过程卡

<table>
<tr><td colspan="3" rowspan="2">加工工艺过程卡</td><td colspan="2">产品型号</td><td colspan="3"></td><td colspan="2">零（部）件图号</td><td colspan="5"></td></tr>
<tr><td colspan="2">产品名称</td><td colspan="3"></td><td colspan="2">零（部）件名称</td><td colspan="2">錾口手锤</td><td>共　页</td><td colspan="2">第　页</td></tr>
<tr><td>材料牌号</td><td>45 钢</td><td>毛坯种类</td><td>棒料</td><td colspan="2">毛坯外形尺寸</td><td colspan="3">ϕ30 mm × 90 mm</td><td>每毛坯可制件数</td><td>1</td><td>每台件数</td><td></td><td>备注</td><td></td></tr>
<tr><td rowspan="2">工序号</td><td rowspan="2">工序名称</td><td colspan="5" rowspan="2">工序内容</td><td rowspan="2">车间</td><td rowspan="2">工段</td><td rowspan="2">设备</td><td colspan="3" rowspan="2">工艺装备</td><td colspan="2">工时</td></tr>
<tr><td>单件</td><td>最终</td></tr>
<tr><td>1</td><td>将毛坯锯、锉成长方体</td><td colspan="5">将 ϕ30 mm × 90 mm 的棒料锯、锉成 16 mm × 16 mm × 90 mm 的长方体</td><td>钳加工</td><td></td><td>—</td><td colspan="3">平板、V 形架、划针、钢直尺、游标卡尺、游标高度卡尺、手锯、扁锉</td><td></td><td></td></tr>
<tr><td>2</td><td>精锉长方体</td><td colspan="5">将 16 mm × 16 mm × 90 mm 的长方体锉成 15 mm × 15 mm × 90 mm 的长方体</td><td>钳加工</td><td></td><td>台虎钳</td><td colspan="3">扁锉、刀口尺、直角尺</td><td></td><td></td></tr>
<tr><td>3</td><td>划线</td><td colspan="5">划 R2 mm 圆弧面、R7 mm 圆弧面、R5 mm 圆弧面、斜面、倒角等轮廓加工线，以及斜面锯削线</td><td>钳加工</td><td></td><td>—</td><td colspan="3">平板、划针、划规、钢直尺、样冲、游标高度卡尺</td><td></td><td></td></tr>
<tr><td>4</td><td>锯削斜面</td><td colspan="5">沿锯削线锯削斜面</td><td>钳加工</td><td></td><td>台虎钳</td><td colspan="3">手锯</td><td></td><td></td></tr>
</table>

续表

工序号	工序名称	工序内容	车间	工段	设备	工艺装备	工时	
							单件	最终
5	锉削轮廓面并倒角	锉 $R2$ mm 圆弧面、$R7$ mm 圆弧面、$R5$ mm 圆弧面、锥体等轮廓面并倒角	钳加工		台虎钳	扁锉、半圆锉、钢直尺、游标卡尺、半径样板		
6	钻螺纹底孔并孔口倒角	钻 $\phi6.8$ mm 螺纹底孔，并用 $\phi12$ mm 麻花钻对孔口倒角	钳加工		台虎钳	$\phi6.8$ mm 和 $\phi12$ mm 麻花钻		
7	攻螺纹	攻 M8 螺纹	钳加工		台虎钳	M8 丝锥、铰杠		
8	热处理	淬火加中温回火至 50~55HRC	热处理		电阻炉	钳子、防护手套		
9	检验	按图样尺寸和质量要求检验工件	检验室		—	平板、钢直尺、游标卡尺、半径样板、刀口尺、直角尺		

										设计（日期）	审核（日期）	标准化（日期）	会签（日期）
标记	处数	更改文件号	签字	日期	标记	处数	更改文件号	签字	日期				

1. 机械加工常用的毛坯有铸件、锻件、棒料和型材等，识读表 2–4，明确錾口手锤毛坯的种类和外形尺寸。

答：制作錾口手锤所用的毛坯为棒料，其尺寸为 $\phi30$ mm × 90 mm。

2. 识读表 2–4，列出制作錾口手锤的工序，明确錾口手锤的加工步骤。

答：（1）将毛坯锯、锉成长方体。（2）精锉长方体。（3）划线。（4）锯削斜面。（5）锉削轮廓面并倒角。（6）钻螺纹底孔并孔口倒角。（7）攻螺纹。（8）热处理。（9）检验。

3. 在表 2–5 中绘制各工序简图。

表 2–5　　各工序简图

工序号	工序	工序简图
1	将毛坯锯、锉成长方体	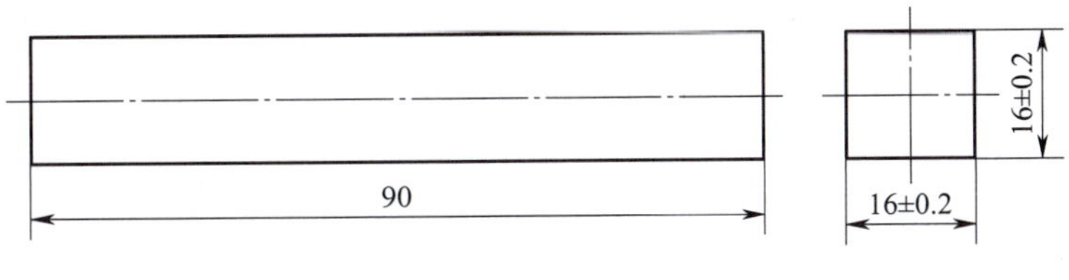 90；16±0.2；16±0.2
2	精锉长方体	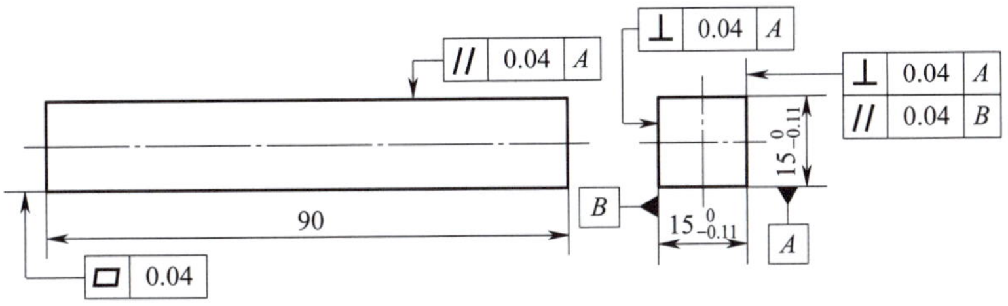 90；$15^{\ 0}_{-0.11}$；$15^{\ 0}_{-0.11}$；⊥ 0.04 A；// 0.04 A；⊥ 0.04 A；// 0.04 B；▱ 0.04；A；B

续表

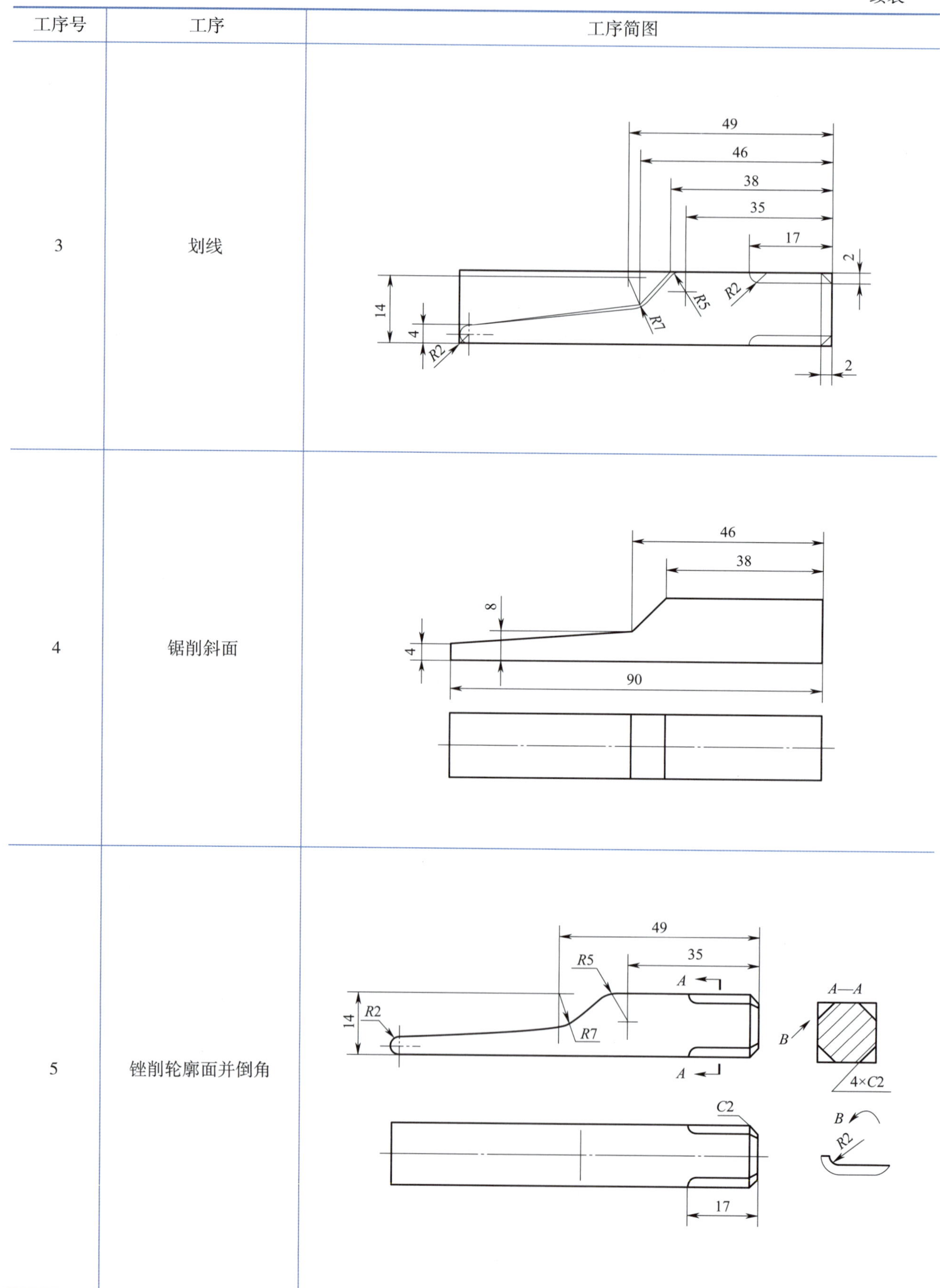

工序号	工序	工序简图
3	划线	
4	锯削斜面	
5	锉削轮廓面并倒角	

续表

工序号	工序	工序简图
6	钻螺纹底孔并孔口倒角	C1.5 $\phi6.8$
7	攻螺纹	

4. 工序 1 是将 $\phi30$ mm × 90 mm 的棒料锯、锉成 16 mm × 16 mm × 90 mm 的长方体。因圆棒料两端面无须加工，故只考虑加工四个侧面。四个侧面的加工顺序如图 2-2 所示，试写出该工序具体加工步骤。

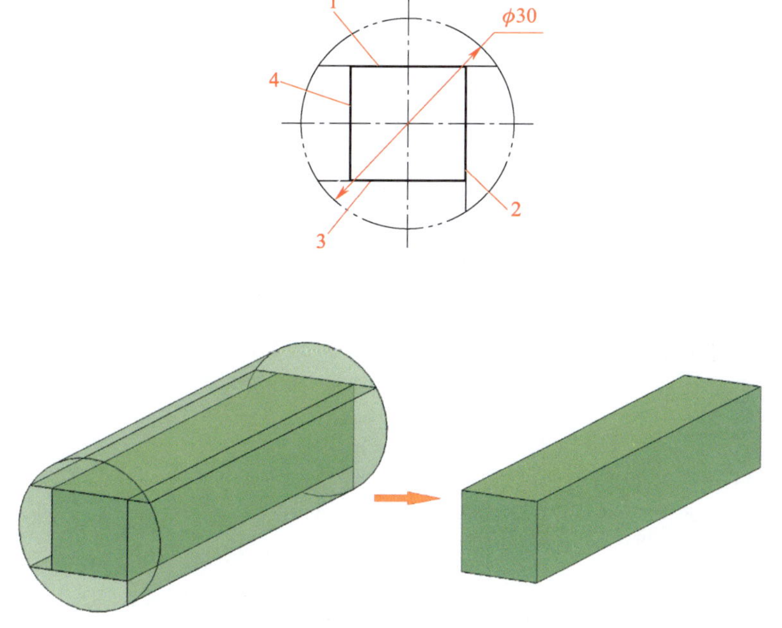

图 2-2　锯、锉加工顺序示意图

答：（1）划 1 面加工线。（2）锯、锉 1 面。（3）划 2 面加工线。（4）锯、锉 2 面。（5）划 3、4 面加工线。（6）锯、锉 3 面。（7）锯、锉 4 面。

5. 工序 2 为精锉长方体的四个面，如图 2–3 所示。加工时，先选定基准面并精修，然后依次锉削侧面 1、侧面 2、平行面。选择精基准时需要重点考虑什么？精基准的选择原则有哪些？

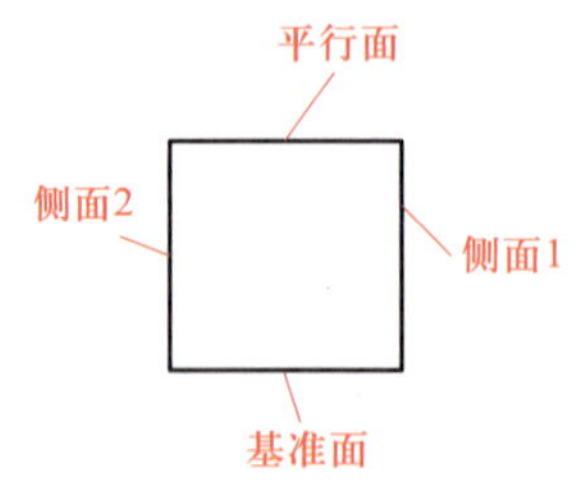

图 2–3　精锉长方体的四个面

答：精基准选择考虑的重点是如何保证工件的加工精度，并使工件装夹准确、可靠、方便，以及使夹具结构简单。选择精基准一般应遵循下列原则。

（1）基准重合原则；

（2）基准统一原则；

（3）自为基准原则；

（4）互为基准原则；

（5）便于装夹原则。

6. 划线分为平面划线和立体划线，工序 3 属于哪类划线？为何 *R*2 mm 圆弧面、*R*7 mm 圆弧面、*R*5 mm 圆弧面、锥体、倒角等轮廓的划线放在锯削斜面之前？

答：工序 3 属于立体划线。*R*7 mm 圆弧的圆心可以通过长度尺寸 14 mm 和 49 mm 确定，并且圆心位于要去除的余料上，将划线操作放在锯削斜面前，可以不需要借料就能划出该圆弧，因此 *R*2 mm、*R*7 mm、*R*5 mm、锥体、倒角等轮廓的划线应放在锯削斜面之前。

7. 工序 4 为锯削斜面，应如何保证该工序加工质量？

答：锯削斜面时，先划出工件斜面的锯削加工线，然后使锯削加工线垂直于台虎钳的平面，工件夹牢后沿锯削加工线锯削。

（二）明确热处理加工部位

工序 8 为热处理工序（淬火加中温回火至 50 ~ 55HRC），需要在錾口手锤哪个部位进行热处理？

答：在錾口手锤的两端锤击部分进行淬火加中温回火至 50 ～ 55HRC，心部不淬火。

学习环节三 加 工 准 备

学习目标

1. 能通过查阅信息页等资料，正确选择錾口手锤平面的锉削方法。

2. 能根据錾口手锤内螺纹的标记符号，正确选择加工方法，并能确定攻螺纹前的底孔直径。

3. 能通过查阅信息页或观看攻螺纹操作视频，学会攻螺纹操作。

4. 能通过信息页等资料，查阅钢的常用热处理方法及目的，确定錾口手锤头部热处理方法。

5. 能规范应用千分尺检测工件的尺寸精度，能规范应用刀口尺、直角尺等量具检测平面度、平行度、垂直度等几何公差。

6. 能应用表面粗糙度比较样块对比出工件的表面粗糙度。

建议学时

10 学时

学习要求

序号	学习步骤	学习内容	学时	备注
1	选择平面锉削方法	平面锉削方法	2	
2	确定螺纹加工方法	攻螺纹基础知识及操作方法	4	
3	确定錾口手锤头部热处理方法	钢的热处理知识	2	
4	选择检测量具	1. 千分尺工作原理及读数方法 2. 平面度、平行度、垂直度的检测 3. 表面粗糙度的检测	2	

一、选择平面锉削方法

1. 使用锉刀锉削平面的方法有顺向锉、交叉锉和推锉，查阅信息页并观看平面的锉削方法操作视频，总结三种平面锉削方法的操作要领及应用，填入表 2–6 中。

表 2–6　　平面锉削的操作要领及应用

种类	操作图示	操作要领及应用
顺向锉	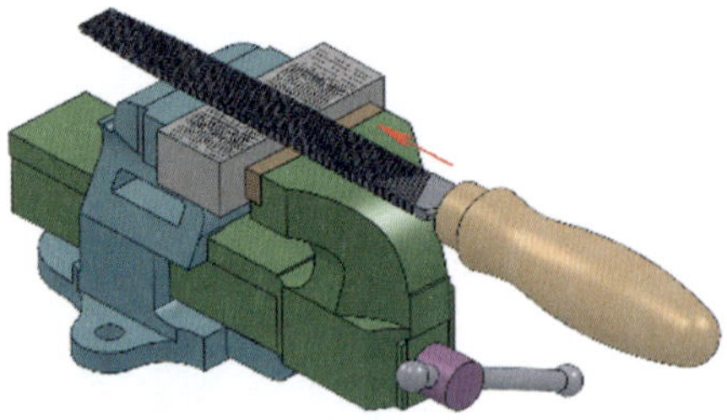 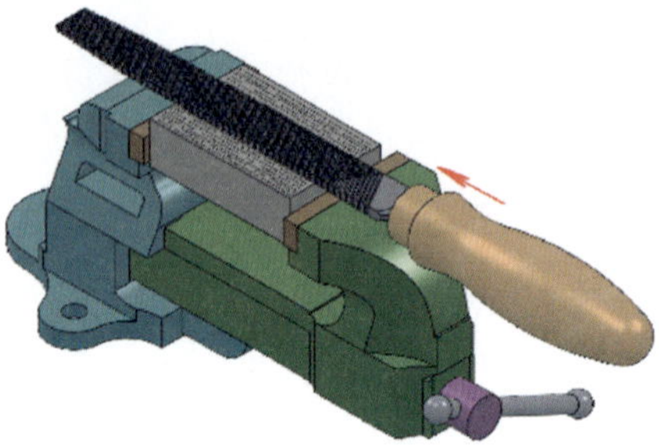	顺向锉是最常用的锉削方法。采用顺向锉时，锉刀的推进方向与工件夹持方向始终一致，面积不大的平面和最后锉光多采用这种方法。顺向锉可以得到整齐一致的锉痕，比较美观，精锉时常常采用
交叉锉	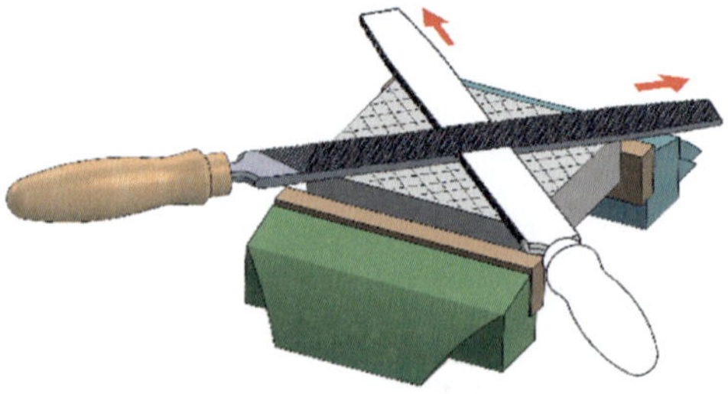	交叉锉是指从两个交叉的方向交替对工件表面进行锉削的方法。锉刀与工件的接触面积大，锉刀运动时容易掌握平稳，能及时反映出平面度的情况，锉削效率较高。但在工件表面易留下交叉纹路，美观度相对顺向锉较差，因此多用于粗锉和半精锉
推锉	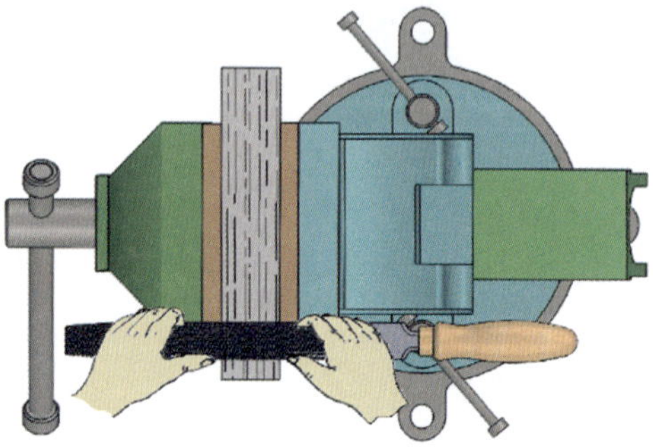	两手对称地横握锉刀，两手尽可能靠近工件，这样可以减少锉刀的左右摆动量，用两拇指推动锉刀顺着工件长度方向进行推拉，适用于加工余量小、平面相对狭窄和修正尺寸时使用。推锉法锉削效率较低

2. 根据錾口手锤加工质量要求，试确定精锉錾口手锤各平面采用的锉削方法。

答：精锉錾口手锤各平面采用顺向锉的锉削方法。

二、确定螺纹加工方法

螺纹指的是在圆柱或圆锥母体表面上制出的螺旋线形的、具有特定截面的连续凸起部分。螺纹按其母体形状分为圆柱螺纹和圆锥螺纹；按其在母体所处位置分为外螺纹、内螺纹；按其牙型截面形状分为三角形螺纹、矩形螺纹、梯形螺纹、锯齿形螺纹及其他特殊形状螺纹。查阅信息页，回答下列问题。

1. 錾口手锤上的 M8 螺纹按其母体形状属于哪种螺纹？按其在母体所处位置属于哪种螺纹？按其牙型截面形状属于哪种螺纹？

答：錾口手锤上的 M8 螺纹按其母体形状属于圆柱螺纹，按其在母体所处位置属于内螺纹，按其牙型截面形状属于三角形螺纹。

2. 查阅信息页，明确图 2–1 所示 M8 螺纹的加工方法。

答：图 2–1 所示 M8 螺纹为内螺纹，由于尺寸较小且为单件加工，所以采用丝锥进行手动攻螺纹。

3. 丝锥是一种成形多刃刀具，丝锥的种类有手用丝锥、机用丝锥和管螺纹丝锥等，如图 2–4 所示。手用丝锥常用哪种材料制造？机用丝锥常用哪种材料制造？

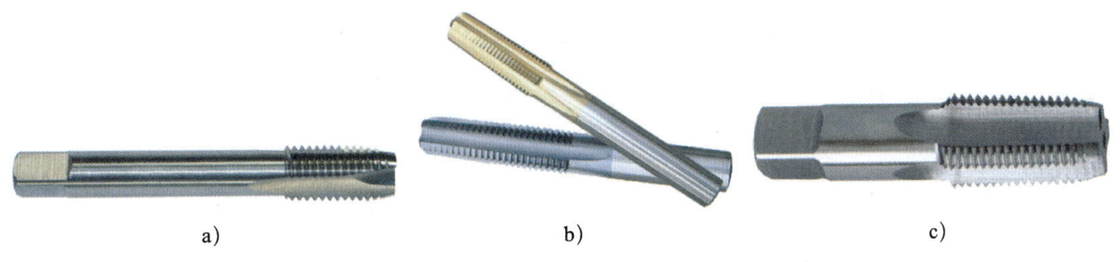

图 2–4　丝锥

a）手用丝锥　b）机用丝锥　c）管螺纹丝锥

答：手用丝锥一般用 9SiCr 或同等性能的其他牌号合金工具钢制造，机用丝锥用高速钢或高性能高速钢制造。

4. 丝锥由柄部和工作部分组成，工作部分由切削部分和校准部分组成。图 2–5 所示为丝锥的结构，查阅信息页，标出丝锥各组成部分的名称。

答：

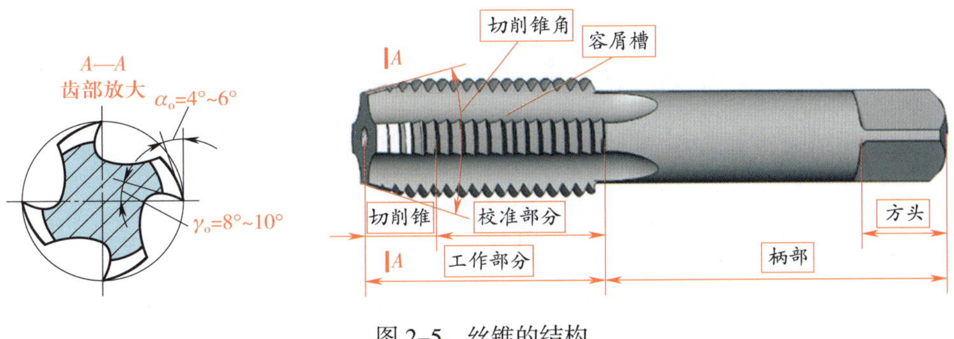

图 2–5　丝锥的结构

5. 由于丝锥的种类、规格较多，明确丝锥标记所代表的含义，对正确选择和使用丝锥是很有必要的。查阅信息页，解释下列丝锥标记符号的含义。

（1）M10：粗牙普通螺纹丝锥，标注代号和公称直径。如M10，其含义为普通螺纹，牙型为三角形，大径为10 mm，螺距为1.5 mm。

（2）M10×1：细牙普通螺纹丝锥，标注代号、公称直径和螺距。如M10×1，其含义为普通螺纹，牙型为三角形，大径为10 mm，螺距为1 mm。

6. 攻螺纹时，由于丝锥对金属层有较强的挤压作用，使攻出螺纹的小径小于底孔直径，因此攻螺纹之前底孔直径应稍大于螺纹小径。查阅信息页，明确攻制下列两种材料的螺纹时，其底孔直径应如何计算。

（1）攻制钢件或塑性较大的材料时，底孔直径的计算公式为：

$D_{孔}=\underline{D-P}$。

（2）攻制铸铁或塑性较小的材料时，底孔直径的计算公式为：

$D_{孔}=\underline{D-(1.05 \sim 1.1)P}$。

7. 攻錾口手锤上的M8螺纹前，应选择多大直径的麻花钻钻螺纹底孔？

答：M8螺纹的螺距P等于1.25 mm，錾口手锤的材料为45钢，攻M8螺纹前应钻ϕ6.75 mm（8 mm−1.25 mm=6.75 mm）的底孔，因此应选择直径为6.8 mm的麻花钻。

8. 攻螺纹前要对底孔孔口进行倒角（通孔两端孔口都要倒角），且倒角处的直径应略大于螺纹公称直径，这是为什么？

答：为了使丝锥起攻时容易切入材料，并能防止孔口处被挤压出凸边。

9. 查阅信息页，回答下列问题。

（1）当丝锥的切削部分全部切入工件后，是否还要对丝锥施加压力？

答：当丝锥的切削部分全部切入工件后，只需转动铰杠即可，不能再对丝锥施加压力，否则螺纹牙型将被破坏。

（2）攻螺纹时，要经常正转1/2～1圈后，倒转1/4～1/2圈，这样做的目的是什么？

答：攻螺纹时，要经常正转1/2～1圈后，再倒转1/4～1/2圈，使切屑断碎后容易排出，避免因切屑阻塞而使丝锥卡死。

三、确定錾口手锤头部热处理方法

（一）获取钢的常用整体热处理方法信息

钢的热处理是通过加热、保温和冷却的工艺方法使钢的内部组织结构发生变化，从而获得所需要性能的一种加工工艺。钢的常用整体热处理方法有退火、正火、淬火和回火。查阅信息页，回答下列问题。

1. 什么是退火？常用的退火方法有哪些？各有什么目的？

答：退火是将钢加热到适当温度，保持一定时间，然后缓慢冷却（一般随炉冷却）的热处理工艺。根据加热温度和目的的不同，常用的退火方法有完全退火、球化退火和去应力退火三种。

（1）完全退火。其目的是细化晶粒，充分消除内应力，降低钢的硬度，为随后的切削加工和淬火做好组织准备。

（2）球化退火。其目的是降低硬度，便于切削加工，防止淬火加热时奥氏体晶粒粗大，减小工件变形和开裂倾向。

（3）去应力退火。其目的是消除毛坯、构件和零件的内应力。

2. 什么是正火？正火的目的是什么？

答：正火是将钢加热到一定温度，保温适当时间后在空气中冷却的热处理工艺。

（1）对于低、中碳合金结构钢，正火的主要目的是细化晶粒、均匀组织、提高力学性能，另外还可以起到调整硬度、改善切削加工性能的作用。

（2）对于力学性能要求不高的普通结构零件，正火可作为最终热处理。

（3）对于高碳的过共析钢，正火的主要目的是改善组织，为球化退火和淬火做准备。

3. 什么是淬火？淬火的目的是什么？

答：淬火是将钢加热到适当温度，经保温后快速冷却，以提高钢的强度、硬度和耐磨性的热处理工艺。淬火的目的是获得马氏体组织，提高钢的强度、硬度和耐磨性。

4. 什么是回火？回火的目的是什么？

答：回火是将淬火后的钢重新加热到某一较低温度，保温后再冷却到室温的热处理工艺。回火的目的如下。

（1）降低淬火钢的脆性和内应力，防止变形或开裂。

（2）调整和稳定淬火钢的结晶组织，以保证工件不再发生形状和尺寸的改变。

（3）通过适当的回火来获得所要求的强度、硬度和韧性，以满足各种工件的不同使用要求。淬火钢经回火后，其硬度随回火温度的升高而降低。回火一般是热处理的最后一道工序。

5. 回火时，由于回火温度决定钢的组织和性能，所以生产中一般以工件所需的硬度来决定回火温度。根据回火温度的不同，通常将回火分为哪三类？各类回火具体温度范围是多少？

答：根据回火温度的不同，通常将回火分为低温回火、中温回火和高温回火三类。低温回火的加热温度一般为 150 ~ 250 ℃，中温回火的加热温度一般为 350 ~ 500 ℃，高温回火的加热温度一般为 500 ~ 650 ℃。

（二）选择錾口手锤两端头部热处理方法

根据技术要求，錾口手锤两端头部应选择哪种热处理方法？

答：根据技术要求，錾口手锤两端头部应进行淬火加中温回火至 50 ~ 55HRC，心部不淬火。

四、选择检测量具

（一）选择平行度误差检测量具

1. 千分尺是一种应用螺旋测微原理制成的精密量具，可估读到毫米的千分位，故名千分尺。它的测量精度比游标卡尺高，因此，对于加工精度要求较高的工件尺寸，常用千分尺测量。千分尺有 0 ~ 25 mm、25 ~ 50 mm、50 ~ 75 mm、75 ~ 100 mm 等规格。图 2-6 所示为钳工常用 0 ~ 25 mm 千分尺，观看千分尺的结构与工作原理演示动画，标出各组成部分的名称。

答：

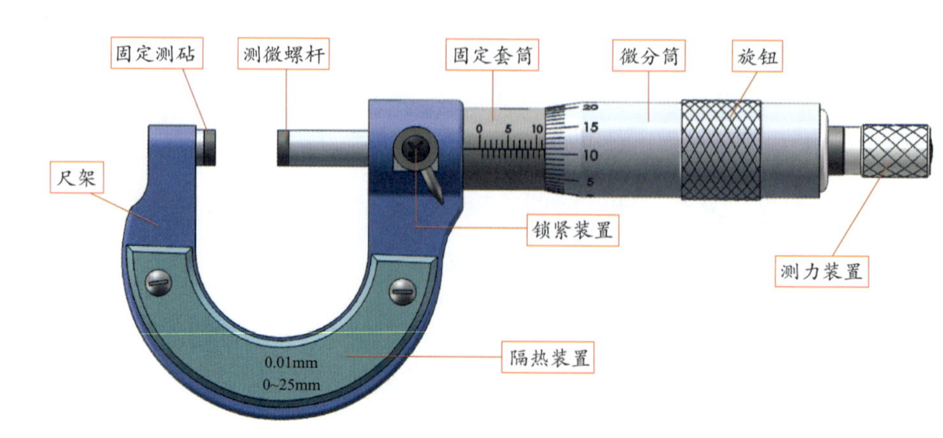

图 2-6　0 ~ 25 mm 千分尺

2. 图 2–7 所示为千分尺读取尺寸的方法。查阅信息页，并观看千分尺的使用视频，以图 2–7 为例，总结千分尺读数步骤。

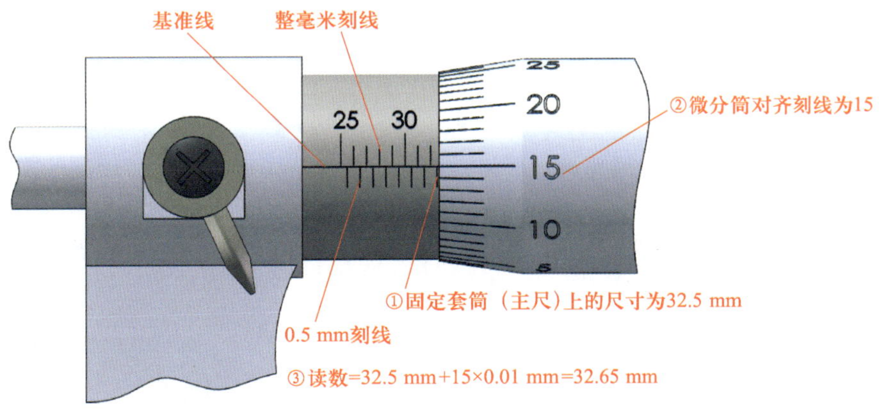

图 2–7　千分尺读取尺寸的方法

答：首先，读出微分筒边缘在固定套筒（主尺）上的整毫米数和半毫米数，图 2–7 所示的主尺上的尺寸为 32.5 mm。其次，看微分筒上哪一格与固定套筒上的基准线对齐，图 2–7 所示的微分筒上的尺寸为 15 × 0.01 mm=0.15 mm。最后，把两个读数加起来，即为测量尺寸，图 2–7 所示外径千分尺的测量尺寸为 32.5 mm+0.15 mm=32.65 mm。

3. 以锉平的基面为基准，应用千分尺在不同点测量两平面间的厚度，根据读数确定该平面的平行度是否有误差。试简述千分尺的使用注意事项。

答：（1）使用前，应把千分尺的两个测量面擦干净，再校准零位。

（2）测量前，应把零件的被测量表面擦干净，以免影响测量精度。

（3）测量时，要使测微螺杆与零件被测量的尺寸方向一致。如测量外径时，测微螺杆要与零件的轴线垂直且通过零件中心。测量时，可在转动测力装置的同时，轻轻地晃动尺架，使测量面与零件表面接触良好。

（4）测量时，读取数值后，应反向转动微分筒，使测微螺杆端面离开零件被测表面，再将千分尺退出，这样可减少对千分尺测量面的磨损。如果必须取下读数，应用锁紧装置锁紧测微螺杆后，再将千分尺轻轻滑出零件后读数。

（5）在读取千分尺上的测量数值时，要特别留心不要多读或少读 0.5 mm。

（6）使用完毕要擦净千分尺测量面并涂上专用防锈油后置于盒内保管。

（7）使用有效期满后，要及时送到计量部门检修。

（二）选择平面度的误差检测量具

1. 锉削工件时，由于锉削平面较小，其平面度通常采用刀口尺通过透光法来检测。图 2–8 所示为刀口尺，常用的规格有 75 mm、125 mm 和 175 mm。检测时，刀口尺应垂直放在工件被测表面上，在被测面的纵向、横向、对角方向多处逐一检查，以确定各方向的平面度误差，如图 2–9 所示。

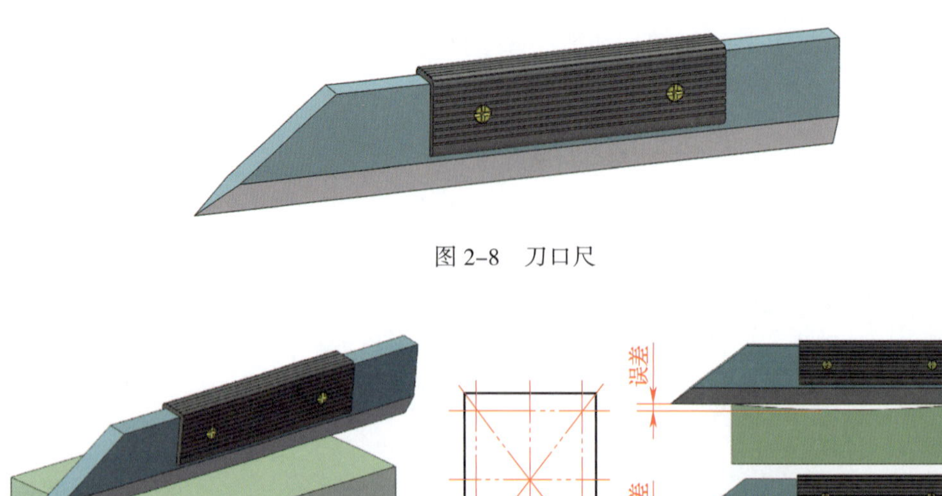

图 2-8 刀口尺

图 2-9 检测平面度误差

用刀口尺通过透光法来检测平面度误差会出现以下情况：

（1）如果检测处从刀口尺与平面间透过来的光线微弱而均匀，表示此处比较 平直 。

（2）如果检测处透过来的光线强弱不一，则表示此处有高低不平处，光线强的地方比较 低 ，而光线弱的地方比较 高 。

2. 平面度误差可用塞尺塞入检测，如图 2-10 所示。用塞尺检测时，应做两次极限尺寸的检查后，才能得出其间隙的数值。

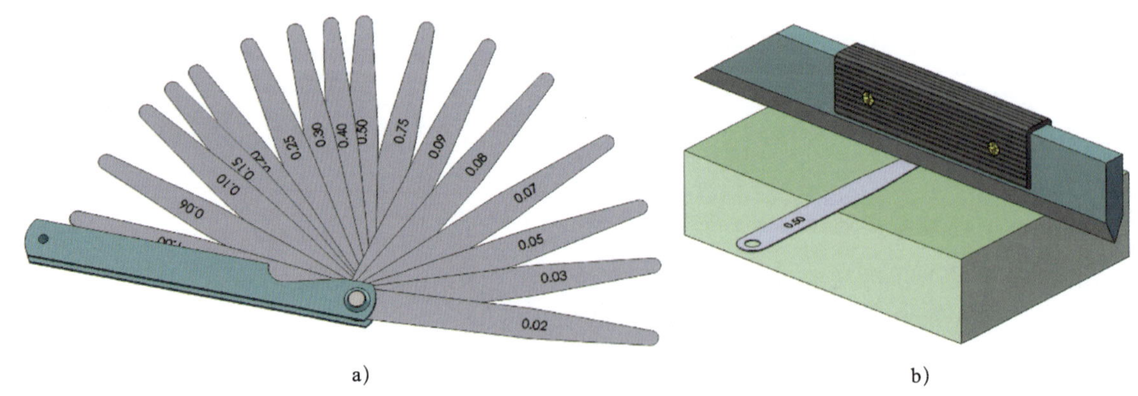

图 2-10 平面度误差值的检测

a）塞尺 b）用塞尺检测平面度具体误差值

对中凹平面，其平面度误差可取各检测部位中的 最大 值；对中凸平面，则应在两边塞入同样厚度的塞尺进行检查，其平面度误差可取各检测部位中的 最大 值。

（三）选择垂直度误差检测量具

当锉削平面与有关表面有垂直度要求时，一般采用直角尺检测，如图 2-11 所示。试简述垂直度误差的检测方法。

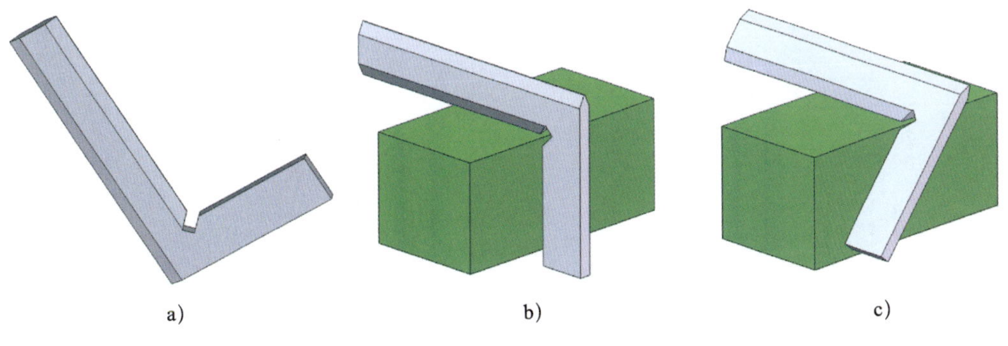

图 2-11　垂直度误差的检测
a）直角尺　b）正确检测方法　c）不正确检测方法

答：先将直角尺尺座的测量面紧贴工件的基准面，然后从上逐步轻轻向下移动，使直角尺的测量面与工件的被测表面接触，眼睛平视观察其透光情况，以此来判断工件被测面与基准面是否垂直。在同一平面上改变不同的检测位置时，不可在工件表面上拖动直角尺，以免将其磨损，影响直角尺本身的精度。

（四）选择表面粗糙度检测量具

钳工常用样块比较法检测工件表面粗糙度。查阅信息页，并观看表面粗糙度比较样块的使用视频，简述样块比较法的概念及注意事项。

答：样块比较法是以表面粗糙度比较样块工作面上的表面粗糙度为标准，用视觉法或触觉法与被测表面进行比较，判定被测表面是否符合规定的方法。用表面粗糙度比较样块进行比较检验时，表面粗糙度比较样块和被测表面的材质、加工方法应尽可能一致。

学习环节四　制作錾口手锤

学习目标

1. 能遵守安全操作规程，正确穿戴工装和劳动防护用品。

2. 能依据錾口手锤加工步骤，以小组合作方式确定錾口手锤加工过程所使用的工量刃具，并完成工量刃具的领取、校验，做好加工前的场地及设备准备工作。

3. 能根据錾口手锤零件图，通过划线、锯削、锉削等操作将棒料加工成长方体。

4. 能根据錾口手锤零件图，正确划出錾口手锤头部、中间圆弧和尾部等轮廓加工线。

5. 能依据錾口手锤头部、中间圆弧和尾部等轮廓加工线，完成錾口手锤外形轮廓的加工。

6. 能根据錾口手锤零件图，划出 M8 螺孔位置线；能应用台式钻床完成螺纹底孔的加工；能应用丝锥和铰杠完成 M8 内螺纹的手动加工。

7. 能在教师指导下，完成錾口手锤头部和尾部的淬火与回火处理。

8. 能在加工过程中选用合适的量具完成对錾口手锤的精度控制，保证加工质量。

9. 能按照车间“7S”管理规定及环保管理制度要求，以小组合作方式完成工量刃具放置、现场整理和设备保养。

10. 能在作业过程中严格执行企业操作规范、安全生产制度、环保管理制度以及“7S”管理规定，具有吃苦耐劳、爱岗敬业的工作态度和职业责任感。

建议学时

14 学时

学习要求

序号	学习步骤	学习内容	学时	备注
1	领取工量刃具和毛坯	1. 钳加工安全操作规程 2. 工量刃具和毛坯的领取与检查	0.5	
2	制作錾口手锤	1. 将毛坯锯、锉成长方体 2. 精锉长方体 3. 划线 4. 锯削斜面 5. 锉削轮廓面并倒角 6. 钻螺纹底孔并孔口倒角 7. 攻螺纹 8. 热处理 9. 记录加工过程中遇到的问题	13	
3	清理现场，归置物品	1. “7S”管理制度 2. 设备、工具、量具的维护与保养	0.5	

学习步骤

一、领取工量刃具和毛坯

1. 熟悉工作环境

熟悉钳工车间和工作区的范围与限制，明确企业对安全生产事故隐患的预防措施。

2. 领取并检查工量刃具

领取并检查工量刃具的状况，填写工量刃具清单（表 2–7）。

表 2–7 工量刃具清单

序号	名称	规格	数量	备注
1				
2				
3				
4				
5				
6				
7				
8				
9				
10				
11				
12				
13				
14				
15				
16				
17				
18				
19				
20				

3. 领取并检查毛坯

领取毛坯，测量毛坯外形尺寸，判断毛坯是否有足够的加工余量。

二、制作錾口手锤

（一）将毛坯锯、锉成长方体

将 $\phi30$ mm × 90 mm 的棒料毛坯锯、锉成图 2–12 所示长方体。

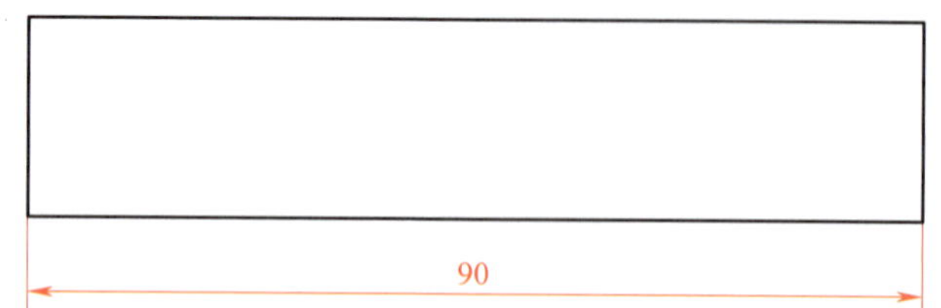

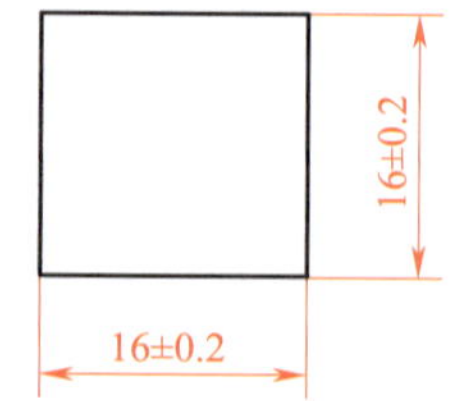

图 2–12　将棒料毛坯锯、锉成长方体

毛坯尺寸为 $\phi30$ mm × 90 mm，两端面为车削表面，故只考虑加工四个侧面。四个侧面的加工顺序如图 2–13 所示。

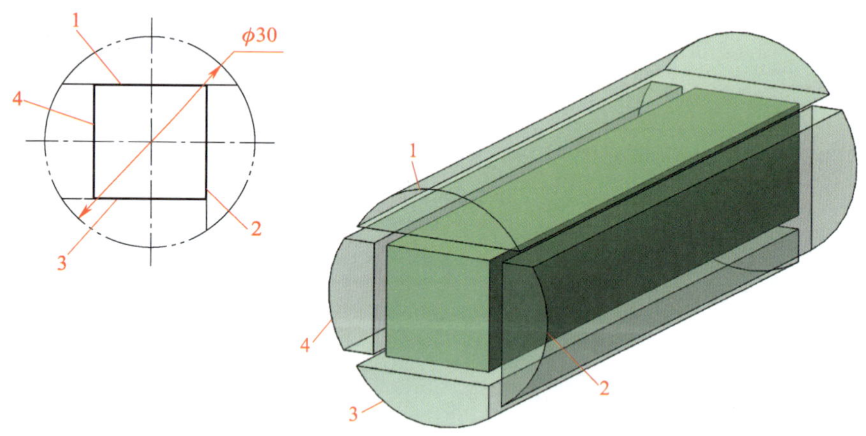

图 2–13　四个侧面的加工顺序

每一个面的加工都应按照划线、锯削、锉削的步骤进行。将加工步骤填入表 2–8 中。

表 2–8　　锯、锉长方体加工步骤

步骤	加工内容	图示
1	将毛坯放置在 V 形架上，用游标高度卡尺按高度 h 划第一加工面的加工线和锯削线，并打样冲眼 因为 $h=H-x$，$x=D/2-L/2$，其中 $D=30$ mm，$L=16$ mm 所以 $h=H-(D/2-L/2)$ $=H-(30/2-16/2)$ mm $=H-7$ mm	D　$L\times L$　x　$L/2$　h　H
2	将工件竖直装夹，使锯削线垂直于钳口，沿锯削线进行锯削，锯削到中间偏下时，将工件掉头装夹继续锯削，直到锯掉余料为止，锯削时保证尺寸 24 mm。再将工件水平装夹，使锯削面平行于钳口，用 300 mm 粗平板锉刀粗锉锯削面，保证尺寸 23 mm	锯削位置　$\phi30$　24 锉削到的位置　$\phi30$　23

续表

步骤	加工内容	图示
3	将工件放置在平板上，并将第一加工面靠住V形架端面，用游标高度卡尺量取高度h=23 mm，划第二加工面的加工线和锯削线，并打样冲眼。加工线高度尺寸$h=D/2+L/2=$（30/2+16/2）mm=23 mm，锯削线高度尺寸为24 mm	
4	将第一加工面贴紧固定钳口，竖直装夹工件，使锯削线垂直钳口，沿锯削线锯削第二加工面，锯削方法同步骤2。锯掉余料后，将第一加工面贴紧固定钳口，水平装夹工件，使第二加工面朝上，且与钳口平面平行，粗锉第二加工面	
5	将工件放置在平板上，用游标高度卡尺划第三和第四加工面的加工线和锯削线，并打样冲眼	
6	将第一加工面贴紧固定钳口，工件竖直装夹，沿锯削线锯削第三加工面，锯削方法同步骤2。锯掉余料后，将第一加工面放在水平垫铁上，第二加工面贴紧固定钳口，第三加工面朝上，且露出钳口3～5 mm，粗锉第三加工面	
7	将第一加工面贴紧固定钳口，竖直装夹工件，使锯削线垂直钳口，沿锯削线锯削第四加工面，方法同步骤2。锯掉余料后，将第二加工面放在水平垫铁上，第一加工面贴紧固定钳口，第四加工面朝上，且露出钳口3～5 mm，粗锉第四加工面	

（二）精锉长方体

按图2-14所示尺寸精锉长方体，将加工步骤填入表2-9中。

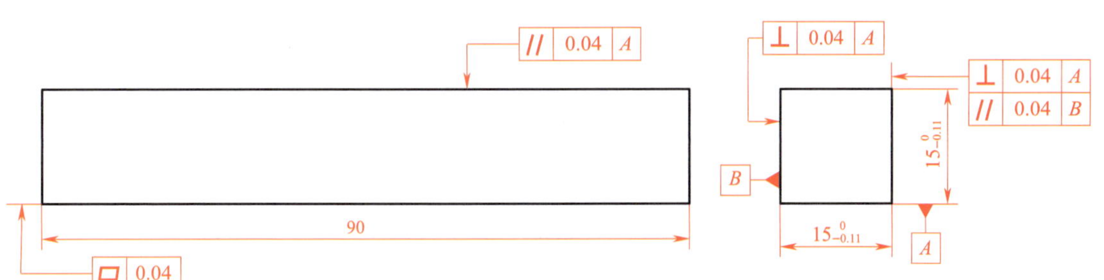

图2-14　精锉长方体

表 2–9 **精锉长方体加工步骤**

步骤	加工内容	图示
1	将工件水平装夹，平行面放在水平垫铁上，基准面朝上且平行于钳口。选择细纹平板锉，采用顺向锉精锉基准面 用刀口尺检测，保证平面度误差小于 0.04 mm，并留 0.5 mm 左右的加工余量	
2	将工件水平装夹，基准面贴紧钳口，侧面 1 朝上且平行于钳口。按步骤 1 的方法精锉侧面 1 用直角尺检测，保证垂直度误差小于 0.04 mm，并留 0.5 mm 左右的加工余量	
3	将工件水平装夹，基准面贴紧钳口，侧面 2 朝上且平行于钳口。按步骤 1 的方法精锉侧面 2 用直角尺和千分尺检测，保证垂直度误差小于 0.04 mm，平行度误差小于 0.04 mm，尺寸 $15^{0}_{-0.11}$ mm 在公差范围之内	平行面 侧面2 侧面1 基准面
4	将工件水平装夹，基准面放在水平垫铁上，平行面朝上且平行于钳口。按步骤 1 的方法精锉平行面 用直角尺和千分尺检测，保证垂直度误差小于 0.04 mm，平行度误差小于 0.04 mm，尺寸 $15^{0}_{-0.11}$ mm 在公差范围之内	
5	棱边去毛刺	

提示：装夹时采用软钳口（铜皮或铝皮制成）保护工件的已加工表面。

（三）划线

擦去工件表面油污，涂红丹（或蓝油）。用游标高度卡尺、钢直尺、划规、划针，按图 2–15 所示尺寸，划出錾口手锤头部和中间轮廓加工线、錾口手锤底部倒角轮廓线、斜面锯削线。观看錾口手锤的划线演示动画，将具体划线步骤填入表 2–10 中。

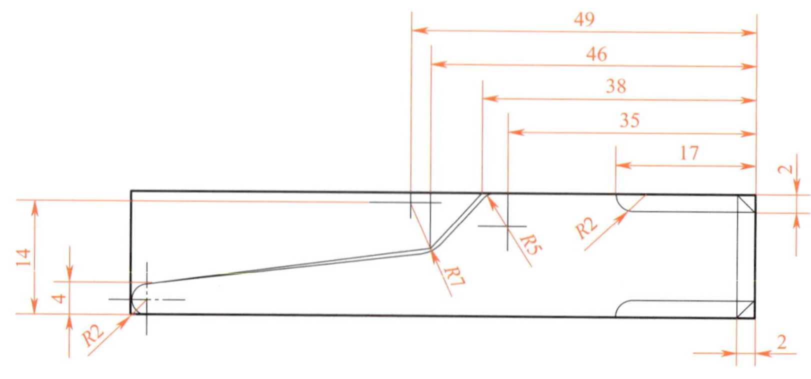

图 2–15 划线示意图

表 2-10　　划线步骤

步骤	划线内容	图示
1	在工件前、后两面分别划出 R2 mm、R5 mm、R7 mm 三个圆弧的中心线	
2	在工件前、后两面分别划出 R2 mm、R5 mm、R7 mm 三段圆弧线	
3	在工件前、后两面分别划出与 R2 mm、R5 mm 圆弧相切的斜面加工线，划出与 R7 mm、R5 mm 圆弧相切的斜面加工线	
4	在工件前、后两面分别划出斜面的锯削线，在工件顶面划出斜面的起始线，在工件左端面划出斜面的终止线	
5	在工件底部前、后、上、下四个面上划出倒角和圆角轮廓线	

（四）锯削斜面

将工件装夹在台虎钳上，按图 2-15 所划锯削线锯削斜面。因为锯削面为斜面，装夹工件时必须将工件倾斜，使切口垂直于钳口，锯削后的形状如图 2-16 所示。

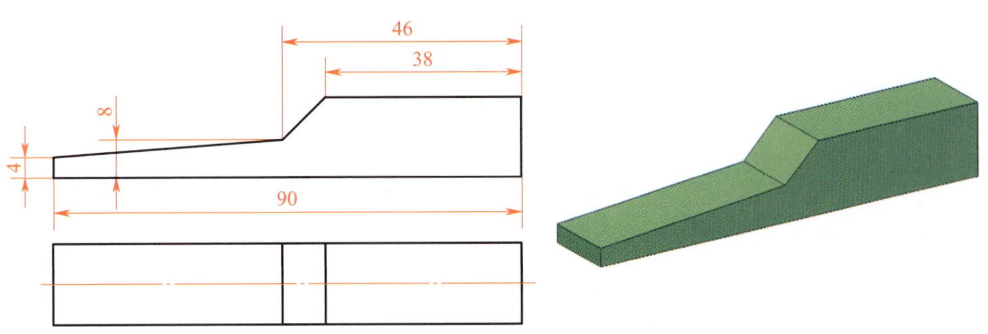

图 2-16　锯削后的形状

（五）锉削轮廓面并倒角

将工件装夹到台虎钳上，应用扁锉、半圆锉和圆锉，锉削錾口手锤上的 $R2$ mm 圆弧面、斜面、$R7$ mm 圆弧面、$R5$ mm 圆弧面、$C2$ mm 倒角和 $R2$ mm 圆弧角，结果如图 2–17 所示。锉削过程中，要不时地用半径样板检测圆弧面，保证圆弧尺寸符合图样要求。

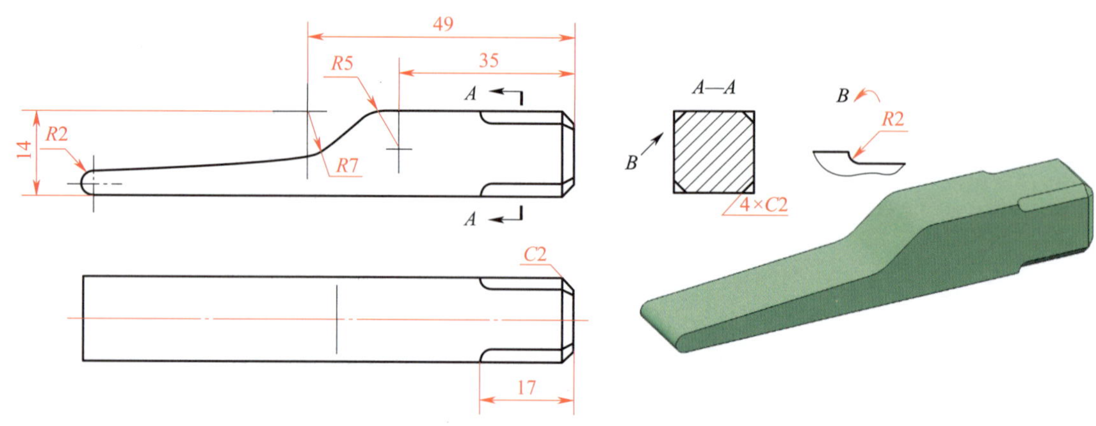

图 2–17 锉削轮廓面并倒角

（六）钻螺纹底孔并孔口倒角

擦去工件表面油污，在钻孔处涂红丹（或蓝油），划出螺纹底孔中心及其轮廓线，并用样冲在中心处打样冲眼。用 ϕ6.8 mm 直柄麻花钻钻通孔，并用 ϕ12 mm 直柄麻花钻在两端孔口倒角，结果如图 2–18 所示。将具体加工步骤填入表 2–11 中。

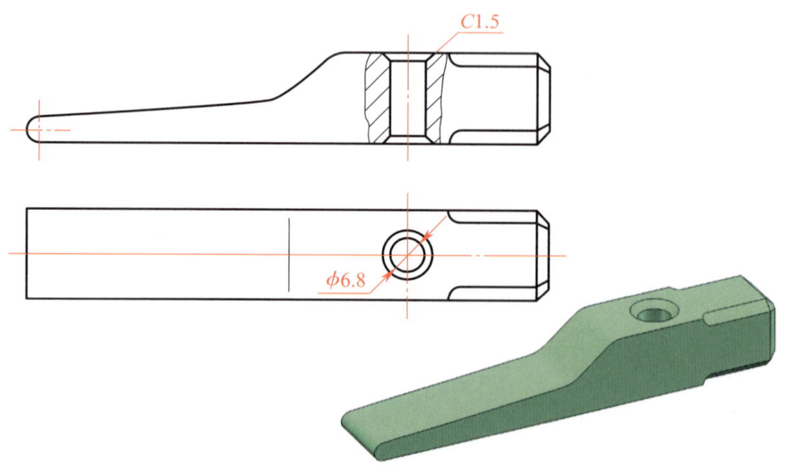

图 2–18 钻螺纹底孔并孔口倒角

表 2–11 钻螺纹底孔、孔口倒角加工步骤

步骤	加工内容
1	划线，用游标高度卡尺划出螺纹底孔中心位置，并打样冲眼，样冲眼在划线之前不应过深，以防止划线时划规晃动。用划规划出 ϕ6.8 mm 圆，并冲大样冲眼，以便准确落钻定心

续表

步骤	加工内容
2	用钻夹头将 ϕ6.8 mm 直柄麻花钻装入台式钻床主轴孔中，调整转速，转速可调高些
3	启动钻床，先使钻头对准孔的中心钻出一浅坑。观察定心是否准确，并不断校正，当达到钻孔位置要求后，即可扳动手柄进行钻孔。钻孔时，进给量要适当，并要经常退钻排屑，添加切削液，以减小摩擦。孔将钻穿时，进给量必须减小
4	钻孔位置不动，停止主轴转动。用钻夹头钥匙将 ϕ6.8 mm 直柄麻花钻取下，装上 ϕ12 mm 直柄麻花钻。启动主轴，操纵手柄进给，倒角 C1.5 mm，进给量要小，避免倒角过大。顶端倒角完成后，将工件翻转，对准钻头装夹，进行另一端孔口倒角
5	加工完毕，停机清理机床，卸下工件检测

（七）攻螺纹

将工件装夹到台虎钳上，使螺纹底孔中心线处于铅垂位置。用铰杠夹持 M8 丝锥，按操作要领进行攻螺纹。简述攻螺纹具体操作步骤。

答：（1）将工件装夹在台虎钳上，用铰杠夹持 M8 丝锥的方榫处。把丝锥放在孔口上，然后对丝锥加压并转动铰杠。

（2）攻制两圈后，用直角尺检查并校正丝锥与孔端面的垂直度。检查应在丝锥的前、后、左、右四个方向上进行。

（3）确定丝锥无歪斜现象后，停止加压，开始正常攻螺纹。当丝锥的切削部分全部切入工件后，只需转动铰杠即可，不能再对丝锥施加压力，否则螺纹牙型将被破坏。攻螺纹时，要经常正转 1/2 ~ 1 圈后，再倒转 1/4 ~ 1/2 圈，使切屑断碎后容易排出，避免因切屑阻塞而使丝锥卡死。操作时应及时加注润滑油，直到切削部分全部露出工件底面为止。

（4）用二攻重复攻制。

（八）热处理

錾口手锤的两端锤击部分，采用淬火加中温回火处理至 50 ~ 55HRC，心部不淬火。錾口手锤热处理的操作步骤见表 2–12。

表 2–12　錾口手锤热处理的操作步骤

步骤	操作内容	备注
1	把錾口手锤放在电阻炉中加热至 800 ~ 840 ℃，保温 15 min	
2	将工件从炉中取出后，在冷水中连续掉头淬火，浸入水中深度约 5 mm	待工件呈暗黑色后，全面浸入水中
3	将工件从水中取出后，再加热至 250 ~ 300 ℃，保温一段时间后，在空气中冷却	
4	待工件冷却后，在洛氏硬度计上进行硬度检测	

提示

（1）必须由专人负责电阻炉，包括开关炉门、拿放工件、电源控制和加温操作等。

（2）打开炉门时应穿戴较厚的防护服装（特别是要戴防护手套），并应站在炉门的侧面，以避免热灼伤。

（3）拿取工件须用较长的钳子完成。

（4）淬火时将工件轻轻投入水中，以防止被溅起的热水烫伤。

（5）不要急于用手拿待冷却的工件，以防止因工件冷却不彻底而被烫伤。

（九）记录加工过程中遇到的问题

在表 2–13 中记录錾口手锤加工过程中遇到的问题，并分析问题的产生原因、预防措施与改进办法。

表 2–13 錾口手锤加工过程中遇到的问题记录单

序号	问题	产生原因	预防措施	改进办法
1				
2				
3				
4				
5				
6				

三、清理现场，归置物品

完成錾口手锤的制作后，按照车间“7S”管理规定要求，保养工量刃具，清理现场，合理归置物品。

学习环节五　零件检测与加工质量分析

学习目标

1. 能根据錾口手锤检测要素，正确领取检测量具。

2. 能按产品质量检验单要求，规范、熟练地应用游标卡尺、千分尺、刀口尺、直角尺、表面粗糙度比较样块等量具对錾口手锤进行加工质量检测。

3. 能依据錾口手锤的检测结果，以小组合作方式对产生的质量问题进行分析，优化加工方案。

4. 能按照保养规范要求，以小组合作方式完成游标卡尺、千分尺、刀口尺、直角尺、表面粗糙度比较样块的维护与保养。

建议学时

4 学时

学习要求

序号	学习步骤	学习内容	学时	备注
1	领取检测量具	检测量具的领取	0.5	
2	检测錾口手锤	1. 应用千分尺检测长度尺寸 2. 平面度的检测 3. 平行度的检测 4. 垂直度的检测 5. 表面粗糙度的检测	1.5	
3	分析加工质量	錾口手锤加工质量分析	1	
4	保养及归还量具	量具保养方法	0.5	
5	交付产品	产品交付步骤	0.5	

学习步骤

一、领取检测量具

分析錾口手锤检测要素，领取检测量具，填入表 2-14 中。

表 2–14　　錾口手锤检测要素及量具表

序号	检测要素	量具名称	量具规格

二、检测錾口手锤

按表 2–15 中项目与技术要求进行检测。

表 2–15　　錾口手锤检测项目与技术要求表

序号	名称	配分	项目与技术要求	评分标准	检测记录	得分
1	主要尺寸（50 分）	2×3	$15_{-0.11}^{0}$ mm（2 处）	超差不得分		
2		3	∥ 0.04 *A*	超差不得分		
3		3	∥ 0.04 *B*	超差不得分		
4		4	▱ 0.04	超差不得分		
5		2×3	⊥ 0.04 *A*（2 处）	超差不得分		
6		10	M8	不合格不得分		
7		6	*R*2 mm	超差不得分		
8		6	*R*7 mm	超差不得分		
9		6	*R*5 mm	超差不得分		
10	次要尺寸（25 分）	5	17 mm	超差不得分		
11		5	24 mm	超差不得分		
12		5	35 mm	超差不得分		
13		5	49 mm	超差不得分		
14		5	14 mm	超差不得分		
15	表面粗糙度（10 分）	5×2	*Ra*3.2 μm（5 处）	降级不得分		
16	主观评分（10 分）	3.5	已加工零件倒角、倒圆、倒钝锐边、去毛刺是否符合图样要求			
17		3.5	已加工零件是否有划伤、碰伤和夹伤			
18		3	已加工零件与图样要求的一致性以及其余表面粗糙度			

续表

序号	名称	配分	项目与技术要求	评分标准	检测记录	得分
19	更换或添加毛坯（5分）	5	是否更换或添加毛坯		是 / 否	
20	职业素养	扣分	能正确穿戴工作服、工作鞋、安全帽和护目镜等劳动防护用品。每违反一项扣2分			
21			能规范使用设备、工具、量具和辅具。每违反一次扣2分			
22			能做好设备清洁、保养工作。不清洁、不保养扣3分；清洁、保养不彻底扣2分			
总配分		100	总得分			

三、分析加工质量

根据检测结果，分析不合格项目的产生原因，并提出预防与改进措施，完成錾口手锤加工质量分析表（表2–16）的填写。

表2–16　　錾口手锤加工质量分析表

序号	不合格项目	产生原因	预防与改进措施
1			
2			
3			
4			
5			
6			
7			

续表

序号	不合格项目	产生原因	预防与改进措施
8			
9			
10			

四、保养及归还量具

检测完毕，规范维护与保养所用量具，并按要求归还。

五、交付产品

将合格产品交付生产技术部。

学习环节六　工作总结与评价

学习目标

1. 能以小组合作方式完成成果汇报，按分组情况展示作品，使用专业术语讲述任务完成情况。
2. 能记录其他小组对作品的评价和改进建议，小组合作总结工作经验，优化加工策略。
3. 能结合錾口手锤制作完成情况，小组合作撰写工作总结，并进行成本估算。
4. 能按照“錾口手锤的制作”学习任务考核表完成综合评价。

建议学时

4 学时

学习要求

序号	学习步骤	学习内容	学时	备注
1	展示与评价作品	1. 作品展示与评价 2. 缺陷原因分析	2	
2	总结工作经验	1. 工作总结方法 2. 加工策略优化	1	
3	估算成本	成本估算方法	1	

学习步骤

一、展示与评价作品

以小组为单位派出代表介绍自己小组的优秀作品，通过作品展示，锻炼小组成员的表达能力，同时提升每一位成员的专业素养。

1. 选出组内评价较高的作品进行展示，并就作品的实用性、工艺性和产品质量等内容做必要介绍，听取并记录其他小组对本组作品的评价和改进建议。

（1）实用性

建议：教师引导学生从实际应用情况来评价所制作的錾口手锤，并提出改进建议。

（2）工艺性

建议：教师引导学生从錾口手锤的实际加工工艺方面进行评价，并提出改进建议。

（3）产品质量

尺寸精度：

建议：教师引导学生通过检测产品的实际尺寸来评价各尺寸的精度。

表面粗糙度：

建议：教师引导学生应用表面粗糙度比较样块来检测产品的表面粗糙度。

2. 所展示作品中有哪些部位存在尺寸缺陷和表面质量缺陷？简要分析是什么原因导致的，并提出避免产生质量缺陷的加工建议。

（1）质量缺陷

尺寸缺陷：

建议：錾口手锤圆弧轮廓锉削较难，加上学生练习时间少，容易出现尺寸不合格现象。教师引导学生从加工工艺、所用刀具、各项基本操作技能等方面总结产生尺寸缺陷的原因。

表面质量缺陷：

建议：錾口手锤圆弧轮廓锉削较难，加上学生练习时间少，容易出现表面质量不合格现象。教师引导学生从加工工艺、所用刀具、各项基本操作技能等方面总结产生表面质量缺陷的原因。

（2）试提出避免产生质量缺陷的加工建议。

建议：教师引导学生主要从加工工艺、所用刀具、各项基本操作技能等方面提出避免产生质量缺陷的加工建议。

（3）如果下次接到相似的任务，在加工过程中，应优化哪些加工策略？

建议：教师引导学生从加工工艺和各项基本操作技能等方面入手，优化加工策略。

二、总结工作经验

总结制作錾口手锤的心得体会。

1. 通过制作錾口手锤，掌握了哪些钳工工艺知识？

建议：教师引导学生从划线、锯削、錾削、锉削、孔加工、攻螺纹、检测等工艺方面入手，整理所掌握的钳工工艺知识。

2. 通过制作錾口手锤，掌握了哪些钳工操作技能？

建议：教师引导学生从划线、锯削、錾削、锉削、孔加工、攻螺纹、检测等操作方面入手，整理所掌握的钳工操作技能。

3. 按照本任务给定的加工工艺过程卡的加工顺序进行加工，对保障产品精度和质量有哪些意义？若变更加工顺序会产生哪些影响？

建议：教师从制定加工顺序的目的和作用入手，引导学生回答问题。

三、估算成本

1. 总结加工内容、工时，填写表 2–17 并进行成本估算。

表 2–17　　　　錾口手锤制作成本估算

序号	加工内容	工时	成本估算项目			成本估算值
			设备	能源	辅料	
1						
2						
3						
4						
5						
6						
7						
8						
9						
10						

2. 在估算錾口手锤的成本时，考虑人工费、管理费、税费了吗？如果要计算人工费、管理费、税费，錾口手锤的成本应如何估算？重新估算后，把相关追加的成本因素写下来。

建议：在估算錾口手锤的成本时，重点考虑材料费和人工费。在计算材料费时，让学生先计算毛坯的体积和质量（质量公式：$m=\rho V$），然后查询当地材料的价格，计算出材料的费用。人工费的估算要参考当地用人成本，并结合錾口手锤的制作时间进行估算。

“錾口手锤的制作”学习任务考核表

考核项目			考核方式及权重					
序号	考核内容	配分	自评		互评		师评	
			占比	得分	占比	得分	占比	得分
1	錾口手锤工序简图的绘制	25	20%		20%		60%	
2	丝锥种类的识别	10	10%		20%		70%	
3	外径千分尺的使用	15	—		20%		80%	
4	螺纹的加工	15	—		20%		80%	
5	錾口手锤热处理安全操作规程的执行	10	—		—		100%	
6	錾口手锤圆弧尺寸的检测	15	—		30%		70%	
7	錾口手锤制作工艺策略的优化	10	10%		20%		70%	
合计		100						

任务拓展

制作刀口形直角尺

一、任务描述

某企业需要制作 30 件如图 2-19 所示刀口形直角尺，毛坯为 105 mm × 75 mm × 6 mm 的板料，材料为 45 钢。生产技术部将该项生产任务安排给钳工组，刀口形直角尺表面要求光洁、美观、无毛刺。观看刀口形直角尺的制作微课，明确任务内容。

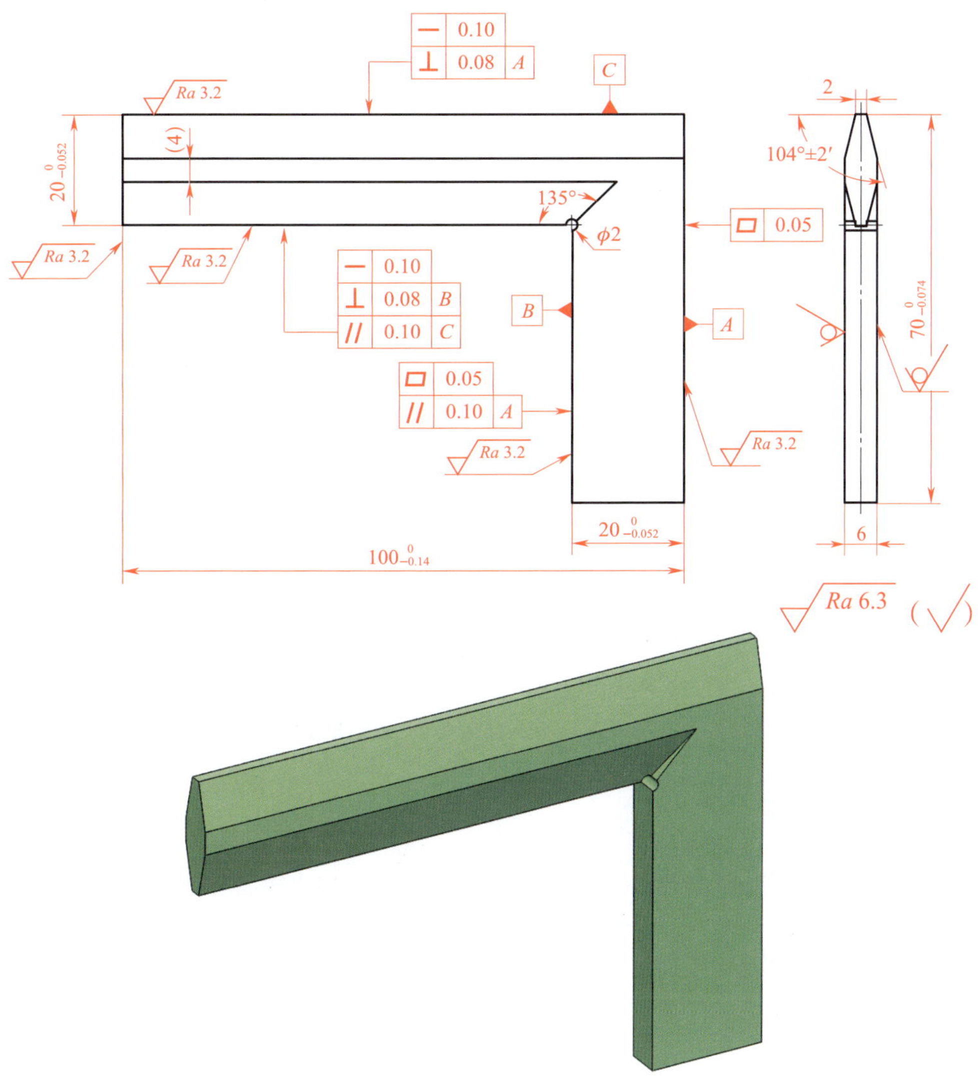

图 2-19　刀口形直角尺

二、评分标准

按表 2-18 中项目与技术要求检测刀口形直角尺尺寸是否合格。

表 2-18　　刀口形直角尺检测项目与技术要求表

序号	名称	配分	项目与技术要求	评分标准	检测记录	得分
1	主要尺寸（50 分）	2×4	$20_{-0.052}^{0}$ mm（2 处）	超差不得分		
2		4	$100_{-0.14}^{0}$ mm	超差不得分		
3		3	$70_{-0.074}^{0}$ mm	超差不得分		
4		2×5	— 0.10（2 处）	超差不得分		
5		5	⊥ 0.08 A	超差不得分		
6		4	// 0.10 A	超差不得分		

续表

序号	名称	配分	项目与技术要求	评分标准	检测记录	得分
7		4	∥ 0.10 *C*	超差不得分		
8		2×4	▱ 0.05（2 处）	超差不得分		
9		4	⊥ 0.08 *B*	超差不得分		
10	次要尺寸（25 分）	4×3	104°±2′（4 处）	超差不得分		
11		2×3	135°（2 处）	超差不得分		
12		2	2 mm	超差不得分		
13		3	4 mm	超差不得分		
14		2	ϕ2 mm	超差不得分		
15	表面粗糙度（10 分）	5×2	*Ra*3.2 μm（5 处）	降级不得分		
16	主观评分（10 分）	3.5	已加工零件倒角、倒圆、倒钝锐边、去毛刺是否符合图样要求			
17		3.5	已加工零件是否有划伤、碰伤和夹伤			
18		3	已加工零件与图样要求的一致性以及其余表面粗糙度			
19	更换或添加毛坯（5 分）	5	是否更换或添加毛坯		是 / 否	
20	职业素养	扣分	能正确穿戴工作服、工作鞋、安全帽和护目镜等劳动防护用品。每违反一项扣 2 分			
21			能规范使用设备、工具、量具和辅具。每违反一次扣 2 分			
22			能做好设备清洁、保养工作。不清洁、不保养扣 3 分；清洁、保养不彻底扣 2 分			
总配分		100	总得分			

学习任务三　对开夹板的制作

任务描述

【任务情景】某公司接到一批零件加工订单，加工过程中需要用对开夹板进行零件装夹，数量为30副。图3-1所示为对开夹板装配图，图3-2所示为夹板A零件图，图3-3所示为夹板B零件图。毛坯尺寸为20 mm×20 mm×122 mm，材料为45钢，生产主管计划由钳工组完成加工任务。

【任务要求】对开夹板应符合图样要求。在制作过程中，严格按照工艺文件流程进行制作，遵守钳工车间安全生产制度和操作规范。

【任务资料】对开夹板生产任务单、对开夹板图样、对开夹板加工工艺过程卡、领料单、工量刃具借（还）交接单、对开夹板质量检测表、产品交接单等。

观看对开夹板的制作微课，明确任务内容。

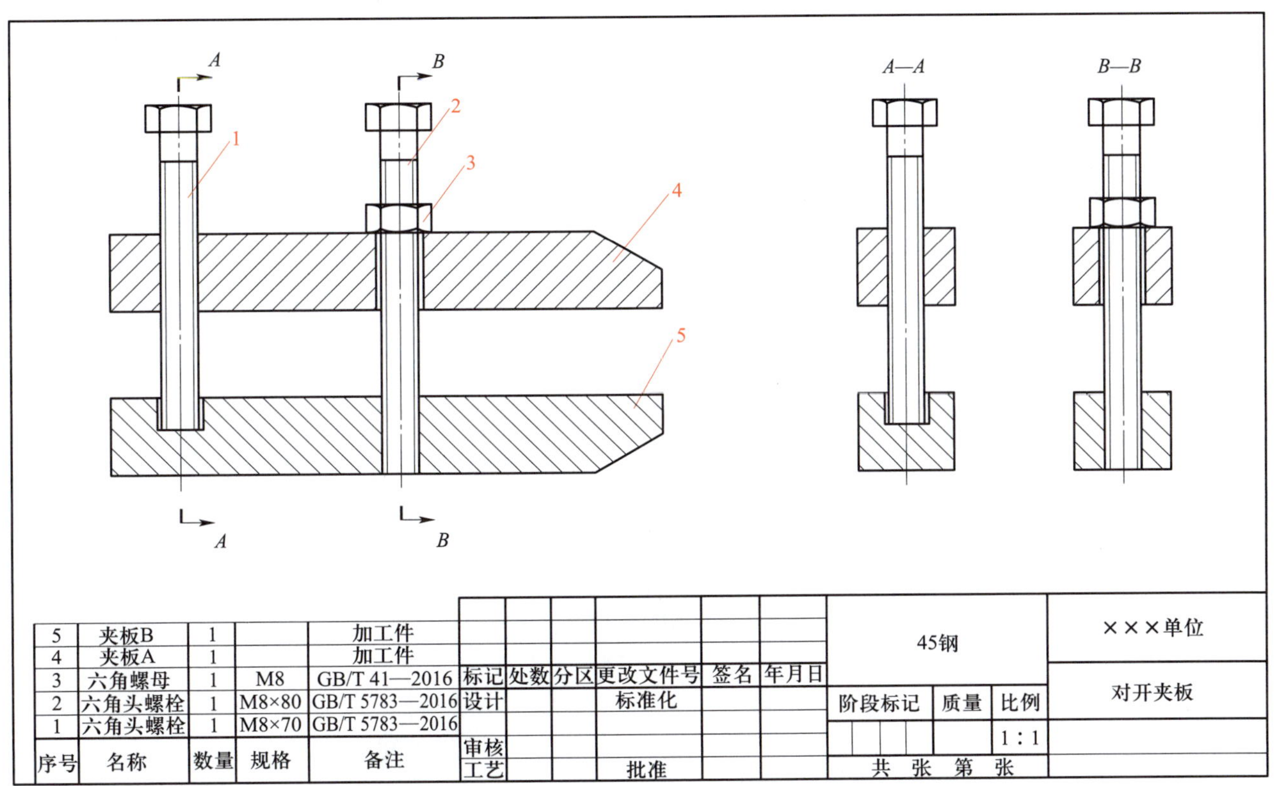

序号	名称	数量	规格	备注
5	夹板B	1		加工件
4	夹板A	1		加工件
3	六角螺母	1	M8	GB/T 41—2016
2	六角头螺栓	1	M8×80	GB/T 5783—2016
1	六角头螺栓	1	M8×70	GB/T 5783—2016

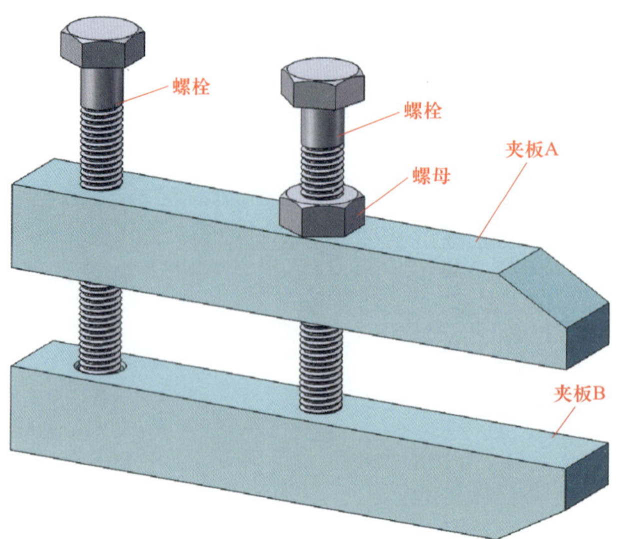

图 3-1 对开夹板装配图

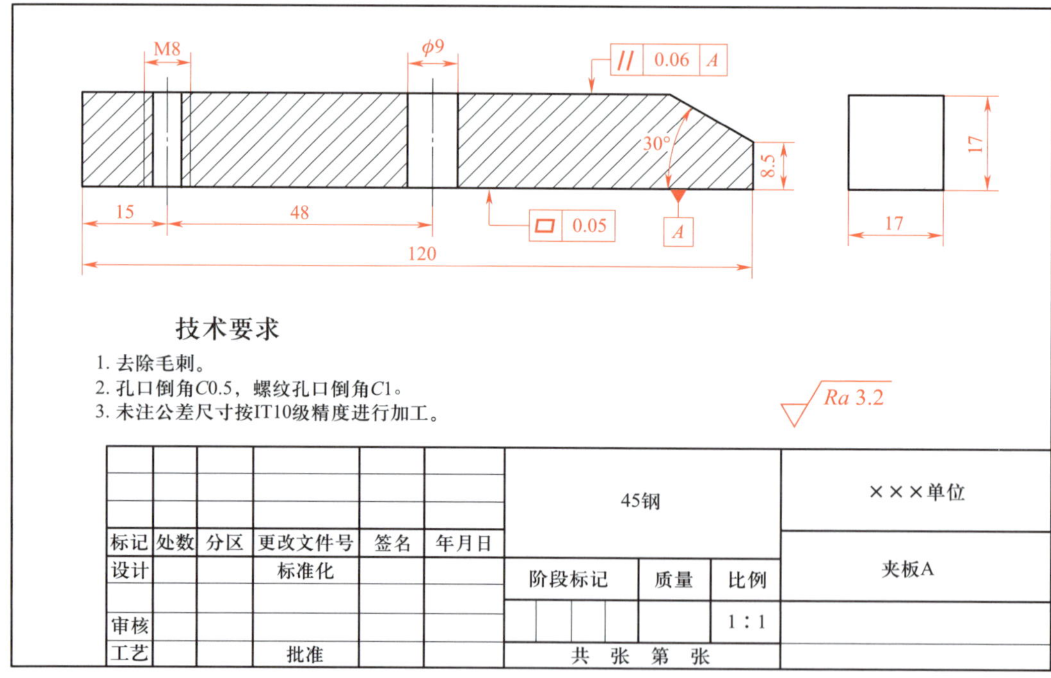

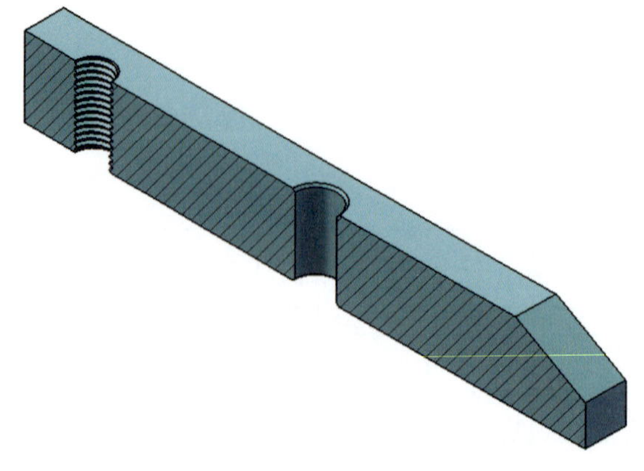

图 3-2 夹板 A 零件图

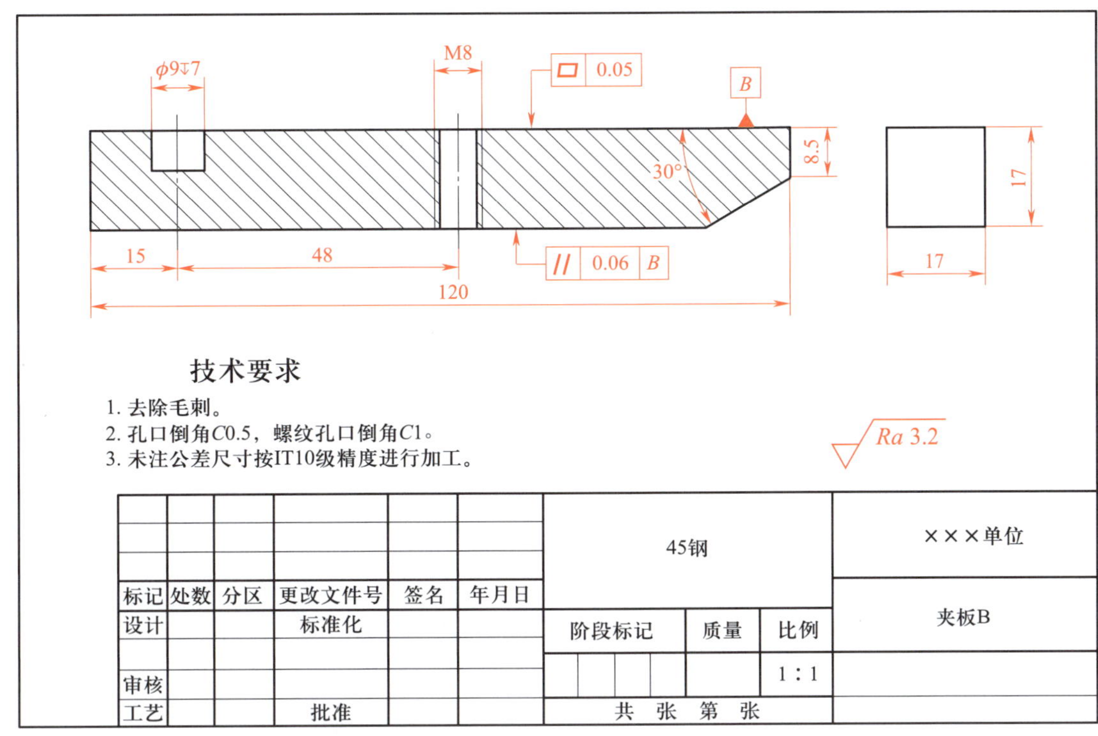

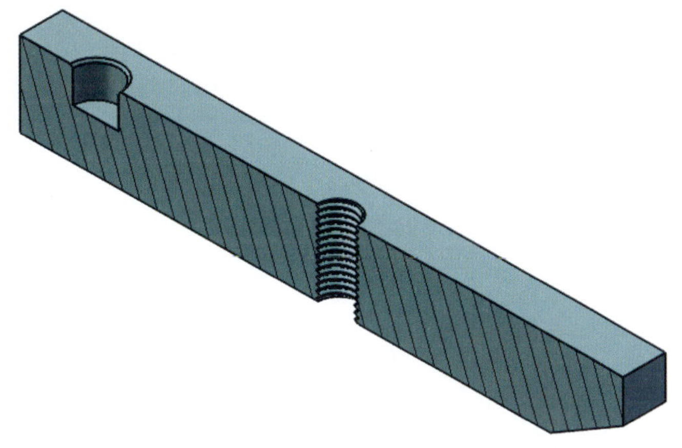

图 3-3　夹板 B 零件图

学习目标及学时

序号	学习环节	学时	学习目标
1	接受工作任务	4	能依据信息页等资料，正确识读生产任务单和对开夹板图样，准确获取工作任务、零件尺寸和加工质量等信息
2	确定加工步骤	4	能根据任务要求，独立制订合理的工作进度计划；能通过小组合作方式，编制对开夹板加工工艺方案，明确对开夹板加工步骤
3	加工准备	2	能查阅信息页或观看操作视频，识别砂轮机和麻花钻的结构，安全规范地操作砂轮机刃磨麻花钻
4	制作对开夹板	22	能依据对开夹板加工步骤，正确领取工量刃具，严格遵守钳工安全操作规程，完成对开夹板的制作

续表

序号	学习环节	学时	学习目标
5	零件检测与加工质量分析	4	能按产品质量检验单要求，应用千分尺、刀口尺、直角尺、螺纹塞规等量具完成对开夹板加工质量检测，并进行产品质量分析及方案优化
6	工作总结与评价	4	能使用专业术语讲述任务完成情况，记录评价和改进建议，总结工作经验，优化加工策略，规范地撰写工作总结

学习路径

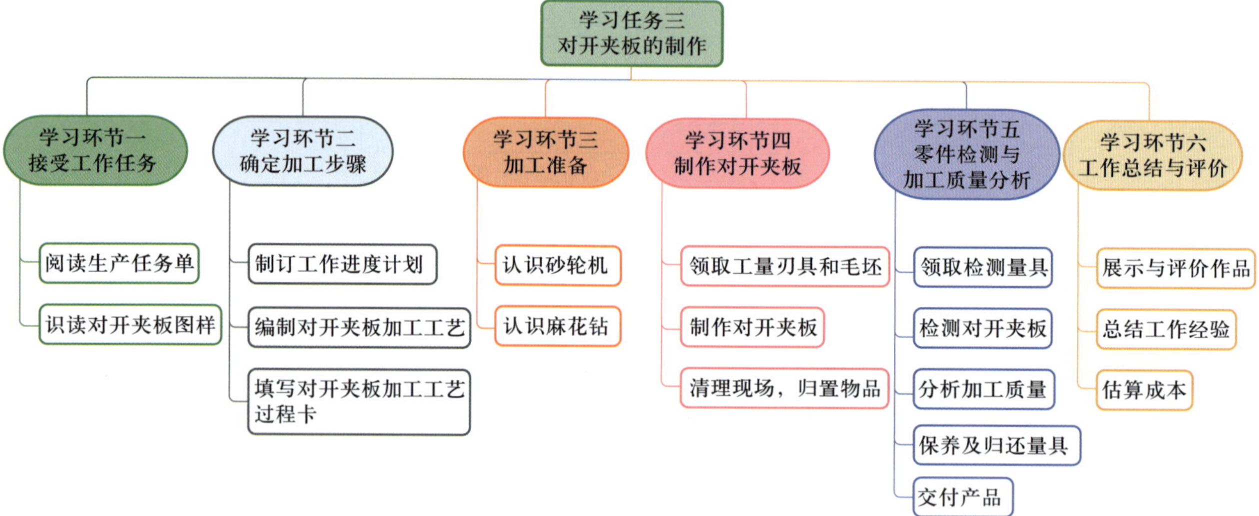

学习环节一　接受工作任务

学习目标

1. 能独立从生产主管处领取并正确阅读生产任务单，准确获取零件名称、制作材料、零件数量和完成时间等任务信息。

2. 能查阅信息页等资料，正确识读对开夹板零件图和装配图，准确获取对开夹板的形状、尺寸、表面粗糙度、几何公差等加工信息。

3. 能查阅相关资料，明确对开夹板的用途，并阐述对开夹板的工作过程。

4. 在工作过程中，能自我约束、服从管理、尊重他人，认真听取他人想法，进行有效的沟通与合作，创造积极向上的工作氛围。

建议学时

4 学时

学习要求

序号	学习步骤	学习内容	学时	备注
1	阅读生产任务单	生产任务信息的收集与提取	1	
2	识读对开夹板图样	1. 对开夹板图样 2. 螺纹的画法 3. 螺栓连接	3	

学习步骤

一、阅读生产任务单

（一）领取生产任务单

从生产主管处领取对开夹板生产任务单（表 3–1）。

表 3–1　　对开夹板生产任务单

单　　号：			开单时间：　　年　月　日　时
开单部门：			开 单 人：
接 单 人：	部	组	签　　名：

续表

以下由开单人填写				
序号	产品名称	材料	数量	技术标准、质量要求
1	对开夹板	45 钢	30 副	按图样要求
2				
3				
4				
任务细则	1. 到仓库领取相应的材料 2. 根据现场情况选用合适的工具、量具和设备 3. 根据加工工艺进行加工，交付检验 4. 填写生产任务单，清理工作场地，完成工具、量具和设备的维护与保养			
任务类型	☑钳加工	完成工时	40 h	
以下由开单人填写				
领取材料		仓库管理员（签名） 年　月　日		
领取工具、量具				
完成质量（小组评价）		班组长（签名） 年　月　日		
用户意见（教师评价）		用户（签名） 年　月　日		
改进措施（反馈改良）				

注：生产任务单与对开夹板图样、加工工艺过程卡一起领取。

（二）获取生产任务信息

1. 阅读生产任务单，将零件名称、制作材料、零件数量和完成时间填入表 3–2 中。

表 3–2　　生产任务信息

零件名称	夹板 A、夹板 B	制作材料	45 钢
零件数量	夹板 A、夹板 B 各 30 件	完成时间	40 h

2. 查阅相关资料，明确对开夹板的用途，并阐述对开夹板的工作过程。

答：对开夹板的工作过程如下。

（1）松开六角螺母（3 号件），按被装夹零件的尺寸调节夹板 A（4 号件）与夹板 B（5 号件）之间的距离，使之略大于被装夹零件的尺寸。

（2）拧紧六角螺母（3 号件），对被装夹零件进行预夹紧。

（3）拧紧六角头螺栓（1 号件），调节被装夹零件夹紧力度，使被装夹零件处于夹紧状态。

二、识读对开夹板图样

1. 构成夹板 A 与夹板 B 零件轮廓的几何要素有哪些？

答：（1）夹板 A：平面、斜面、圆柱通孔、螺纹通孔。

（2）夹板 B：平面、斜面、螺纹通孔、沉孔。

2. 查阅信息页，说明下列有关孔的标注含义及作用，并填入表 3–3 中。

表 3–3　孔的标注含义及作用

标注类型图示	含义及作用
M8	含义：普通粗牙螺纹，大径为 8 mm
	作用：由图 3–1 可知，左图所示为螺纹通孔，用来与相匹配的六角头螺栓配合，形成螺纹连接
φ9	含义：直径为 9 mm 的通孔
	作用：由图 3–1 可知，左图所示为圆柱通孔，是六角头螺栓装配时的螺纹过孔
φ9↧7	含义：直径为 9 mm 的沉孔，沉孔深度为 7 mm
	作用：由图 3–1 可知，左图所示为沉孔，用来限定六角头螺栓装配位置，可保证六角头螺栓的装配稳定性

3. 分析对开夹板装配图可知，夹板 A 与夹板 B 通过螺孔与六角头螺栓进行螺纹配合。查阅信息页，在图 3-4 中绘制螺纹装配图，并结合生活、生产中所见，举例说明螺纹连接的应用场合。

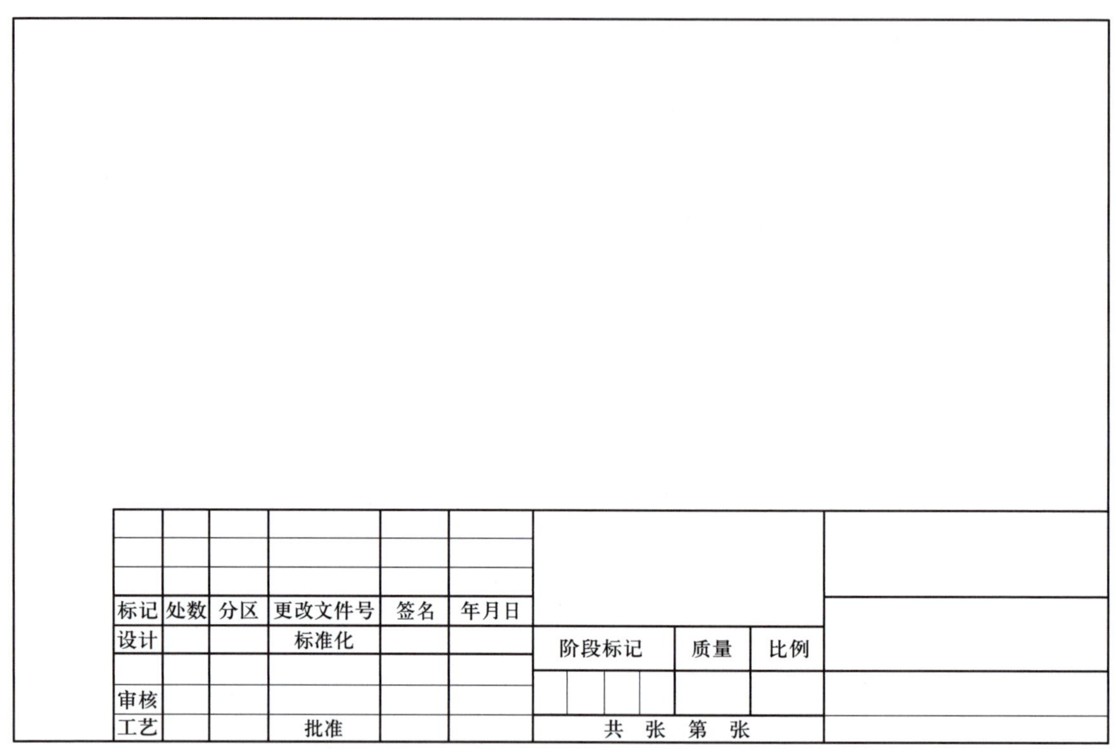

图 3-4 绘制螺纹装配图

4. 螺纹的种类规格很多，为了区分不同的螺纹，国家标准中规定了螺纹的标记方法。查阅信息页，根据给定的螺纹要素标记螺纹。

（1）普通螺纹，公称直径为 24 mm，右旋螺纹，中径公差带代号为 5g，顶径公差带代号为 6g，中等旋合长度。

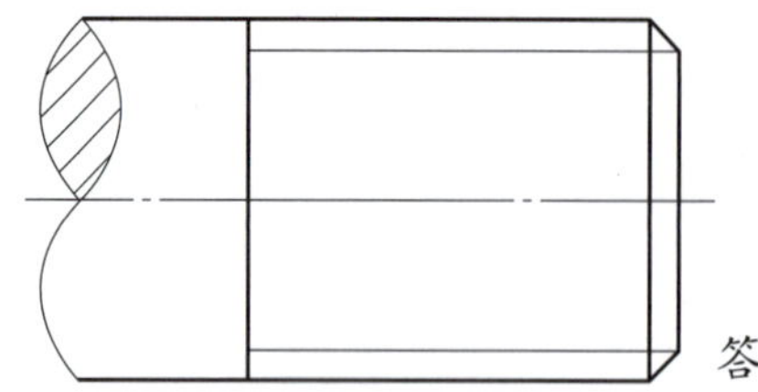

答：M24-5g6g

（2）普通螺纹，公称直径为 26 mm，螺距为 1.5 mm，左旋螺纹，中径、顶径公差带代号为 6h，旋合长度为 40 mm。

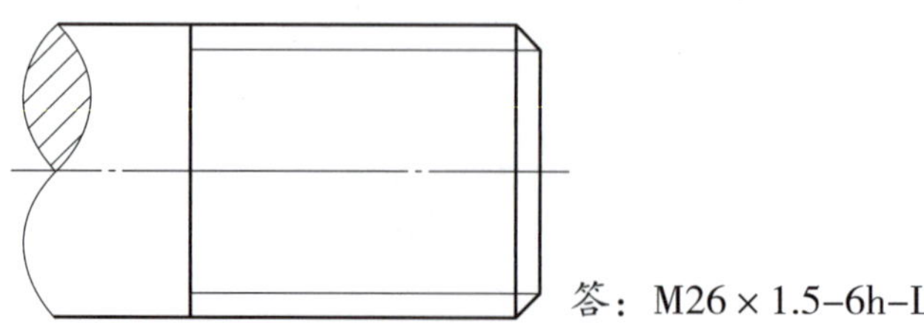

答：M26 × 1.5-6h-LH

5. 夹板 A 与夹板 B 的零件图中并未直接注明零件各尺寸的极限偏差，但在技术要求中注明“未注公差尺寸按 IT10 级精度进行加工”。查阅标准，在表 3–4 中填写夹板 A 与夹板 B 各加工尺寸的极限偏差范围。

表 3–4　夹板 A 与夹板 B 各加工尺寸的极限偏差范围　mm

序号	加工尺寸	极限偏差范围
1	120	−0.07 ~ +0.07
2	17	−0.035 ~ +0.035
3	8.5	−0.029 ~ +0.029
4	15	−0.035 ~ +0.035
5	48	−0.05 ~ +0.05
6	$\phi9$	−0.029 ~ +0.029
7	7	−0.029 ~ +0.029

学习环节二　确定加工步骤

学习目标

1. 能根据工作任务要求，独立制订合理的工作进度计划，并根据小组成员的特点进行分工。

2. 能通过小组合作方式，编制对开夹板加工工艺方案，在讨论过程中尊重他人，认真听取他人想法，进行有效的沟通与合作。

3. 能展示小组编制的对开夹板工艺方案，阐述加工工艺确定的理由与依据。

4. 能充分听取他人意见或建议，完善或改进工艺方案。

5. 能正确填写对开夹板加工工艺过程卡。

建议学时

4 学时

学习要求

序号	学习步骤	学习内容	学时	备注
1	制订工作进度计划	工作进度计划	0.5	
2	编制对开夹板加工工艺	编制对开夹板加工工艺	3	
3	填写对开夹板加工工艺过程卡	对开夹板加工工艺过程卡	0.5	

学习步骤

一、制订工作进度计划

根据生产任务工时，依据任务要求，制订合理的工作进度计划（表 3–5），并根据小组成员的特点进行分工。

表 3–5　　工作进度计划

序号	工作内容	时间	成员	负责人
1	确定加工步骤			

续表

序号	工作内容	时间	成员	负责人
2	加工准备			
3	制作对开夹板			
4	零件检测与加工质量分析			
5	工作总结			

二、编制对开夹板加工工艺

1. 对开夹板是生产中常用到的一种简单夹具。以小组为单位进行讨论，列出对开夹板加工时的重点和难点。

答：(1) 重点：

1) 角度的加工与测量方法；

2) 螺孔的加工方法；

3) 沉孔的加工方法；

4) 麻花钻的刃磨方法；

5) 装配工具的使用方法。

(2) 难点：

1) 沉孔的加工方法；

2) 麻花钻的刃磨方法。

2. 从高效、节能、环保等角度出发，分组讨论对开夹板的加工工艺，并做好内容记录。

建议：各小组从高效、节能、环保等角度出发，讨论所编制的加工工艺。

3. 展示本小组编写的加工工艺，并从高效、节能、环保等角度阐述加工工艺确定的理由与依据（编写展示方案提纲和展示说明稿）。

建议：理由与依据清晰明了，仪态自然大方。

4. 在听取他人的意见或建议后，结合其他小组的加工工艺方案，你认为你们的加工工艺方案是否需要进行完善或改进？如需完善或改进，列出需要进行完善和改进的地方。

建议：通过听取他人的意见和建议，完善本组制定的加工工艺方案。

5. 根据对开夹板的功能及使用方法，你认为对开夹板在加工时最应保证哪些要素的加工精度？试阐述理由。

建议：根据对开夹板的工作原理、功能及使用方法，讨论对开夹板在加工时最应保证的要素，理由充分、合理。

6. 根据图样要求，查阅信息页，确定 M8 螺孔加工时的底孔直径，并确定所需选用的刀具种类及规格。

答：（1）底孔直径 $D_{孔}=D-P=8\ \text{mm}-1.25\ \text{mm}=6.75\ \text{mm}$。

（2）刀具种类及规格：$\phi6$ mm、$\phi6.8$ mm 麻花钻和 M8 丝锥。

7. 查阅信息页，试确定 $\phi9$ mm 沉孔的加工方法，并进行记录（建议配上加工简图）。

答：（1）选择柱形锪钻，要求柱形锪钻切削部分直径为 9 mm；

（2）根据柱形锪钻前端导柱直径选择钻底孔的麻花钻；

（3）在工件上划线后打样冲眼，并用底孔钻加工底孔，底孔深度≤ 5 mm；

（4）利用柱形锪钻前端导柱进行定位，并进行预加工；

（5）保持工件装夹位置不变，拆除柱形锪钻前端导柱后进行沉孔加工，保证沉孔深度为 7 mm。

三、填写对开夹板加工工艺过程卡（表 3–6、表 3–7）

表 3–6　　　　　　　　　　　　夹板 A 加工工艺过程卡

加工工艺过程卡	产品型号		零（部）件图号			
	产品名称		零（部）件名称		共　页	第　页

材料牌号		毛坯种类		毛坯外形尺寸		每毛坯可制件数		每台件数		备注	

工序号	工序名称	工序内容	车间	工段	设备	工艺装备	工时	
							单件	最终
1	检查毛坯	检测毛坯尺寸（余量）、有无缺陷	钳加工		—	游标卡尺		
2	锉削	锉削基准面	钳加工		台虎钳	锉刀、游标卡尺、刀口尺、刀口形直角尺		
3	划线	划出所有尺寸加工线和孔的位置线	钳加工		—	平板、方箱、游标高度卡尺、钢直尺、划针		
4	锯削	锯削外形，去除余量	钳加工		台虎钳	锯弓、锯条、游标卡尺		
5	锉削	锉削外形到尺寸公差范围、表面粗糙度达到要求	钳加工		台虎钳	锉刀、游标卡尺、刀口尺、刀口形直角尺		
6	去毛刺	工件锐边倒钝去除毛刺	钳加工		台虎钳	锉刀、游标卡尺		
7	孔加工	钻定位孔、钻 $\phi3$ mm 底孔，扩孔至 $\phi6.8$ mm、$\phi9$ mm，孔口倒角	钳加工		钻床、平口钳	样冲、麻花钻、游标卡尺		
8	攻螺纹	攻 M8 螺纹	钳加工		台虎钳	丝锥、铰杠、螺纹塞规		
9	检验	按图样尺寸和质量要求检验夹板 A	检验室		—	平板、游标卡尺、刀口尺、刀口形直角尺、螺纹塞规		

										设计（日期）	审核（日期）	标准化（日期）	会签（日期）
标记	处数	更改文件号	签字	日期	标记	处数	更改文件号	签字	日期				

表 3–7 **夹板 B 加工工艺过程卡**

加工工艺过程卡	产品型号		零（部）件图号				
	产品名称		零（部）件名称		共　页	第　页	

材料牌号		毛坯种类		毛坯外形尺寸		每毛坯可制件数		每台件数		备注	

工序号	工序名称	工序内容	车间	工段	设备	工艺装备	工时	
							单件	最终
1	检查毛坯	检测毛坯尺寸（余量）有无缺陷	钳加工		—	游标卡尺		
2	锉削	锉削基准面	钳加工		台虎钳	锉刀、游标卡尺、刀口尺、刀口形直角尺		
3	划线	划出所有尺寸加工线和孔的位置线	钳加工		—	平板、方箱、游标高度卡尺、钢直尺、划针		
4	锯削	锯削外形，去除余量	钳加工		台虎钳	锯弓、锯条、游标卡尺		
5	锉削	锉削外形到尺寸公差范围、表面粗糙度达到要求	钳加工		台虎钳	锉刀、游标卡尺、刀口尺、刀口形直角尺		
6	去毛刺	工件锐边倒钝、去除毛刺	钳加工		台虎钳	锉刀、游标卡尺		
7	孔加工	钻定位孔、钻 $\phi3$ mm 底孔，扩孔至 $\phi6.8$ mm，锪孔至 $\phi9$ mm 深 7 mm，孔口倒角	钳加工		钻床、平口钳	样冲、麻花钻、游标卡尺		
8	攻螺纹	攻 M8 螺纹	钳加工		台虎钳	丝锥、铰杠、螺纹塞规		
9	检验	按图样尺寸和质量要求检验夹板 B	检验室		—	平板、游标卡尺、刀口尺、刀口形直角尺、螺纹塞规		

										设计（日期）	审核（日期）	标准化（日期）	会签（日期）
标记	处数	更改文件号	签字	日期	标记	处数	更改文件号	签字	日期				

学习环节三　加 工 准 备

学习目标

1. 能通过查阅信息页等资料，识别砂轮机的结构，获取砂轮机的操作方法及操作时的安全注意事项。

2. 能通过查阅信息页等资料，正确认识麻花钻及其几何角度，安全规范地操作砂轮机刃磨麻花钻。

3. 能选择合适的检测工具，测量并判断麻花钻切削角度的合理性。

建议学时

2 学时

学习要求

序号	学习步骤	学习内容	学时	备注
1	认识砂轮机	砂轮机的结构、操作方法及操作时的安全注意事项	1	
2	认识麻花钻	麻花钻的结构及刃磨方法	1	

学习步骤

一、认识砂轮机

1. 砂轮机是刃磨刀具用的重要设备，查阅信息页，填写完成表 3–8 内容。

表 3–8 砂轮机的组成

序号	图示	组成
1	1 2 3 4 5	砂轮机的组成： 1—底座； 2—防护罩； 3—电动机； 4—砂轮； 5—开关。
2		常用的砂轮种类有：根据磨料种类不同，砂轮可分为氧化物砂轮（棕刚玉、白刚玉）、碳化物砂轮（黑色碳化硅、绿色碳化硅）、高硬度砂轮（人造金刚石、立方氮化硼）

2. 砂轮工作时处于高速旋转状态，一旦砂轮碎裂或在刃磨操作过程中产生失误，都将会造成严重的后果。因此，在操作砂轮机时，除了要掌握熟练的操作技能，还需要做好必要的安全防护措施。查阅信息页，说明砂轮机的操作方法及操作时的安全注意事项。

答：（1）砂轮机启动后应运转平稳，若跳动明显应及时停机调整。

（2）砂轮旋转方向要正确，磨屑只能向下飞离砂轮。

（3）砂轮机托架和砂轮之间距离应保持在 3 mm 以内，以防工件扎入而造成事故。

（4）操作者应站在砂轮机侧面或斜侧位置，磨削时不能用力过大。

二、认识麻花钻

1. 刃磨麻花钻是钳工必须掌握的技能之一。麻花钻在使用一段时间后会产生磨损，造成刃口钝化，这就需要对麻花钻的切削部分按一定的技术要求进行刃磨。查阅信息页，在图 3–5 中标注麻花钻切削部分的几何角度和刃磨要求。

答：

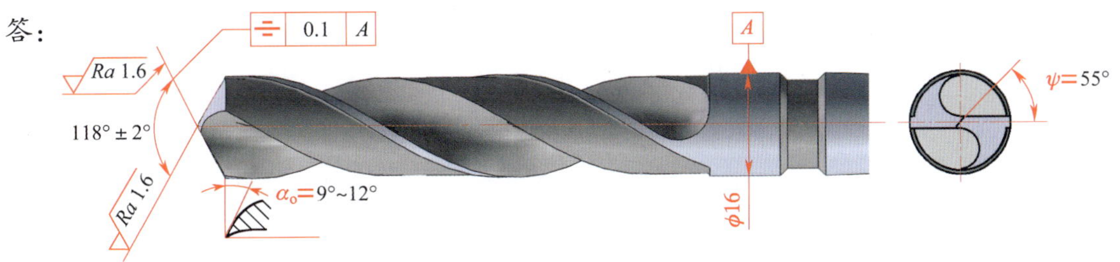

图 3–5 麻花钻切削部分的几何角度和刃磨要求

2. 麻花钻的正确刃磨，对提高钻削质量、生产效率、钻头的寿命有着非常显著的影响。查阅信息页，并观看麻花钻的刃磨操作视频和麻花钻顶角的检测演示动画，在表 3–9 中填写麻花钻刃磨时的操作技术要点。

表 3–9 麻花钻刃磨时的操作技术要点

工艺内容	图示	操作技术要点
1. 刃磨前摆正麻花钻的刃磨位置	砂轮水平中心平面；κ_r=59°；1°~2°；钻头轴线	刃磨麻花钻时，右手握住钻头前端（工作部分），左手握住钻头柄部，钻头中心基本与砂轮中心水平线一致，并保持主切削刃水平。钻头轴线与砂轮圆柱母线在水平面内的夹角约等于钻头顶角的一半
2. 刃磨麻花钻的主切削刃	砂轮中心平面；摆动范围 15°~20°；κ_r；钻头轴线	右手握住钻头的头部作为定位支点，使钻头绕轴线转动，刃磨整个主后面，左手握住柄部做上下弧形摆动，使钻头磨出正确的后角。麻花钻刃磨时，两手动作的配合要协调、自然

续表

工艺内容	图示	操作技术要点
3. 检测麻花钻的后角	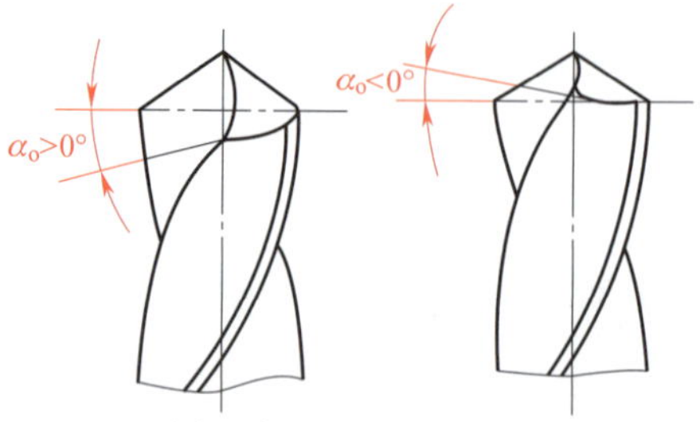 $\alpha_o>0°$ $\alpha_o<0°$ 刃磨正确 刃磨错误	利用目测法检查钻头后面的刃磨质量。要求刃磨后的后面为光滑的过渡圆弧，且外缘处的交点应等高，以保证钻头能对称进行切削
4. 检测麻花钻的顶角	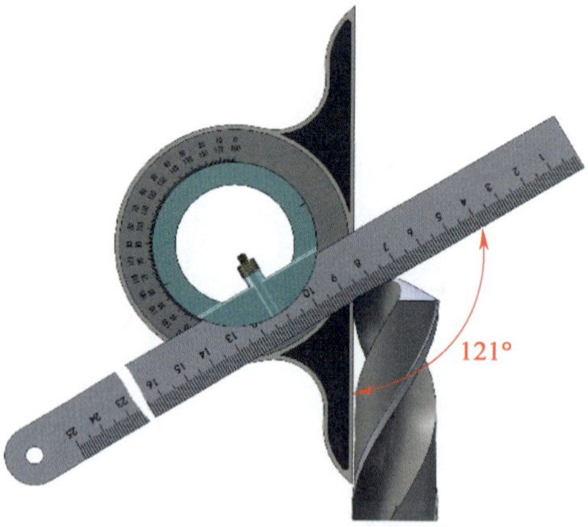 121°	利用角度尺检测麻花钻的顶角（标准顶角为 118° ± 2°），还可以检测顶角相对钻头中心线的对称情况
5. 修磨麻花钻的横刃	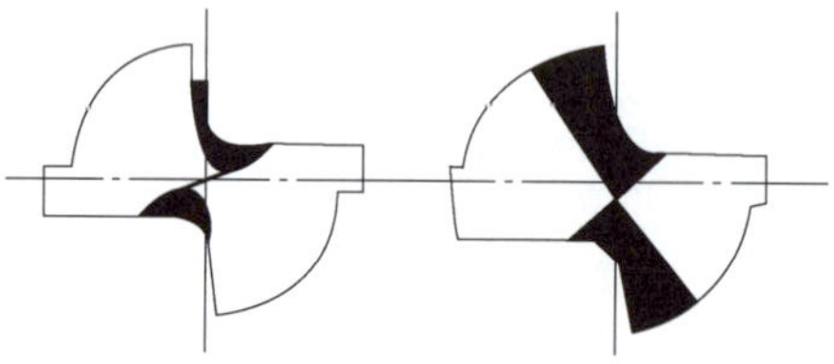 修磨前的钻头 修磨后的钻头	直径大于 6 mm 的麻花钻建议修磨横刃，修磨横刃时需注意不要影响主切削刃
6. 检验麻花钻刃磨质量		利用试切法检查切削刃的刃磨情况，要求钻头切削刃锋利，切削过程顺畅、无振动，且产生的切屑为两条对称的螺旋切屑

学习环节四　制作对开夹板

学习目标

1. 能依据加工步骤，独立确定对开夹板加工过程所使用的工量刃具，并完成工量刃具的领取、校验，做好加工前的场地及设备准备工作。

2. 能根据对开夹板图样，通过划线、锯削、锉削等操作完成对开夹板外轮廓的加工。

3. 能根据对开夹板图样，正确划出沉孔、螺孔和通孔位置加工线。

4. 能通过查阅信息页等资料，确定螺孔的底孔直径。

5. 能根据对开夹板图样，应用台式钻床完成通孔、螺纹底孔和沉孔加工；能应用丝锥和铰杠完成M8 内螺纹的手动加工。

6. 能在加工过程中选用合适的量具，适时检测，控制对开夹板的尺寸精度，保证加工质量。

7. 能选用合适的工具，并根据装配图要求正确装配对开夹板。

8. 能按照车间“7S”管理规定及环保管理制度要求，独立完成工量刃具放置、现场整理和设备保养。

9. 能在作业过程中严格执行企业操作规范、安全生产制度、环保管理制度以及“7S”管理规定，具有吃苦耐劳、爱岗敬业的工作态度和职业责任感。

建议学时

22 学时

学习要求

序号	学习步骤	学习内容	学时	备注
1	领取工量刃具和毛坯	工量刃具和毛坯的领取与检查	0.5	
2	制作对开夹板	1. 检查毛坯尺寸 2. 锉削方料 3. 锯、锉夹板头部 30° 斜面 4. 划通孔、螺孔和沉孔位置线 5. 孔加工 6. 攻螺纹 7. 装配对开夹板 8. 记录加工过程中遇到的问题	21	
3	清理现场，归置物品	1. “7S” 管理制度 2. 设备、工具、量具的维护与保养	0.5	

学习步骤

一、领取工量刃具和毛坯

1. 领取并检查工量刃具

领取并检查工量刃具的状况，填写工量刃具清单（表 3–10）。

表 3–10 工量刃具清单

序号	名称	规格	数量	备注
1	游标卡尺	150 mm	1 把 / 人	
2	游标高度卡尺	300 mm	1 把 / 人	
3	钢直尺	20 cm	1 把 / 人	
4	划线平板	300 mm × 400 mm	1 个 / 组	
5	方箱	100 mm × 100 mm × 100 mm	1 个 / 组	
6	划针	普通	若干	
7	锤子	普通	若干	
8	样冲	普通	若干	
9	钻头	ϕ3 mm、ϕ6.8 mm、ϕ9 mm	若干	
10	丝锥	M8	2 组 / 组	
11	铰杠	M6 ~ M14	2 把 / 组	
12	锯弓	普通	1 把 / 人	
13	锯条	310 mm	若干	
14	平锉	10 in	1 把 / 人	
15	平锉	8 in	1 把 / 人	
16	平锉	6 in	1 把 / 人	
17	平口钳	6 in	1 个 / 组	
18	钻床	Z512–2	1 台 / 组	
19	台虎钳	6 in	1 个 / 人	
20	扳手	配套	配套若干	

2. 领取并检查毛坯

根据图样要求，确定制作对开夹板所需的毛坯、标准件等耗材，并在表 3–11 中填写耗材名称、规格、数量等信息。

表 3–11　　耗材领用单

序号	耗材名称	规格	数量	备注

领用人：　　　　批准人：　　　　管理员：
领用时间：　年　月　日　　批准时间：　年　月　日　　出库时间：　年　月　日

二、制作对开夹板

（一）检查夹板毛坯尺寸

请写出夹板 A 毛坯、夹板 B 毛坯的实际测量尺寸。

夹板 A：

夹板 B：

（二）锉削夹板 A 毛坯、夹板 B 毛坯成 17 mm × 17 mm × 120 mm 的方料

如何测量图 3–2 和图 3–3 所示夹板 A、夹板 B 中的平行度？

建议：根据领取的量具，确定测量夹板 A、夹板 B 中平行度的方法。

（三）锯、锉夹板头部 30° 斜面

请画出锯、锉夹板 A、夹板 B 头部 30° 斜面时夹板装夹在台虎钳上的示意简图并对其进行简要说明。

建议：根据加工的实际情况，绘制锯、锉夹板 A、夹板 B 头部 30° 斜面时的装夹示意图。

（四）划通孔、螺孔和沉孔位置线

划通孔、螺孔和沉孔位置线时，应选择哪些面作为划线基准？

答：加工对开夹板时，根据对开夹板的结构特点，选择夹板 A 和夹板 B 的左平面作为长度基准，选择底平面作为高度基准，选择前平面为宽度基准。

（五）孔加工

按照制定的对开夹板加工工艺过程卡，在夹板 A 上钻出 M8 螺纹底孔（ϕ6.8 mm）和通孔（ϕ9 mm），在夹板 B 上钻出 M8 螺纹底孔（ϕ6.8 mm）和平底沉孔（ϕ9 mm）。

在对平底沉孔加工时需要用到柱形锪钻。结合图 3–6，描述柱形锪钻的结构特点，并查阅信息页，说明加工平底沉孔时的注意事项。

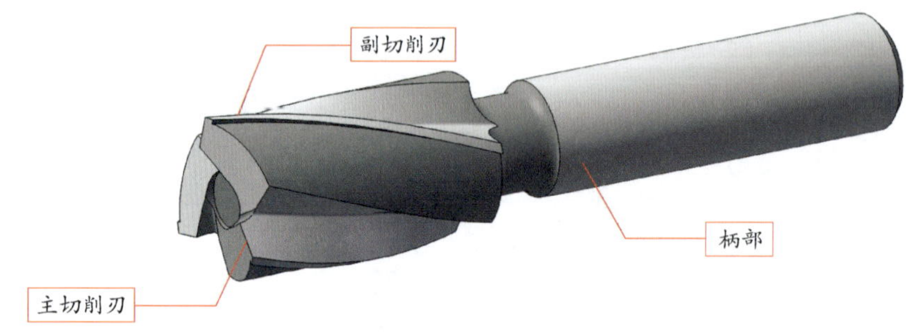

图 3–6　柱形锪钻的结构

答：柱形锪钻的端面切削刃为主切削刃，起切削作用。圆周上有副切削刃，起修光孔壁的作用。锪钻前端有导柱，导柱直径与工件上已有孔为紧密的间隙配合，以保证良好的定心和导向作用，一般导柱是可拆卸的，也可以把导柱和锪钻做成一体。

锪孔时应注意以下几点：

（1）锪孔时的进给量为钻孔的 2 ～ 3 倍，切削速度为钻孔的 1/3 ～ 1/2。精锪时可利用停车后的主轴惯性来锪孔，以减少振动而获得光滑表面。

（2）使用麻花钻改制锪钻时，尽量选用较短的麻花钻，并适当减小后角和外缘处前角，以防止扎刀和减少振动。

（3）锪钢件时，应在导柱和切削表面加切削液。

（六）攻螺纹

1. 攻螺纹前，要在底孔的孔口处进行倒角，倒角的目的和要求分别是什么？

答：攻螺纹前要对底孔孔口进行倒角（通孔两端孔口都要倒角），且倒角处的直径应略大于螺纹公称直径，使丝锥起攻时容易切入材料，并能防止孔口处被挤压出凸边。

2. 当夹板上 M8 螺孔加工好后，用什么量具对其进行检测？如何判定所加工螺纹是否合格？

答：检测时，根据螺纹精度选用对应的螺纹塞规。若螺纹塞规通端（螺纹长的一端，端面有字母 T）能顺利拧入工件，止端（螺纹短的一端，端面有字母 Z）无法拧入工件，则说明螺纹合格。

（七）装配对开夹板

1. 在装配对开夹板时，用到了六角头螺栓和六角螺母。针对这些标准件的装配，你知道应选用哪些装配工具吗？结合图 3-7，判断哪些工具可以用来装配对开夹板，并说明理由。

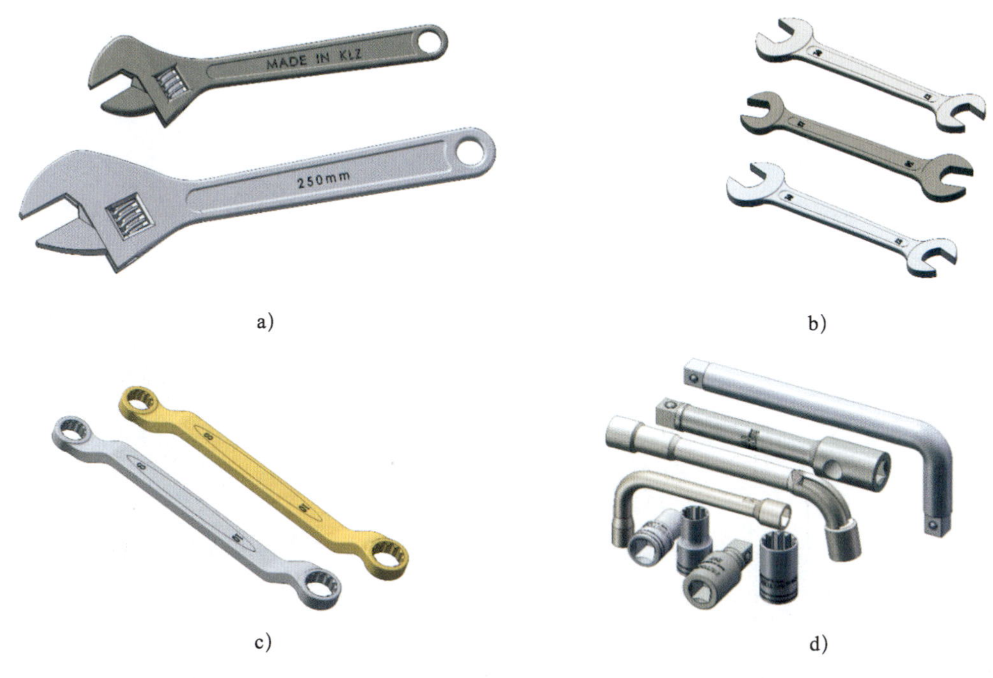

图 3-7　常用扳手

a）活扳手　b）呆扳手　c）整体扳手　d）套筒扳手

答：扳手是用来旋紧各种螺栓、螺母的工具，由常用工具钢、合金钢或可锻铸铁制成，通常分为活扳手、呆扳手、整体扳手和套筒扳手等。

（1）活扳手：活扳手的开口宽度可以在一定范围内调节，在装拆非标准规格的螺母和螺栓时能发挥更好的作用，应用广泛。使用活扳手时，应让其固定钳口承受主要作用力，否则容易损坏扳手。

（2）呆扳手：呆扳手主要用于装拆标准规格的螺母和螺栓，其开口尺寸与螺母或螺栓的对边间距尺寸相对应，并根据标准尺寸做成一套，使用方便，稳定性较好。

（3）整体扳手：整体扳手的用途与呆扳手相同，一般两端做成 12 边形，装拆螺母或螺栓时，可以产生较大的扭转力矩，工作可靠，不易滑脱，适用于旋转空间狭小的场合。

（4）套筒扳手：套筒扳手除了具有一般扳手的用途，还特别适用于装拆旋转部位很狭小或较隐蔽的螺母和螺栓，套筒扳手的各种规格是组装成套的，因此使用方便。

2. 活扳手的扳口由固定扳口和活动扳口组成，如图 3–8 所示。观看活扳手的结构与工作原理演示动画，说明活扳手在使用过程中的注意事项。

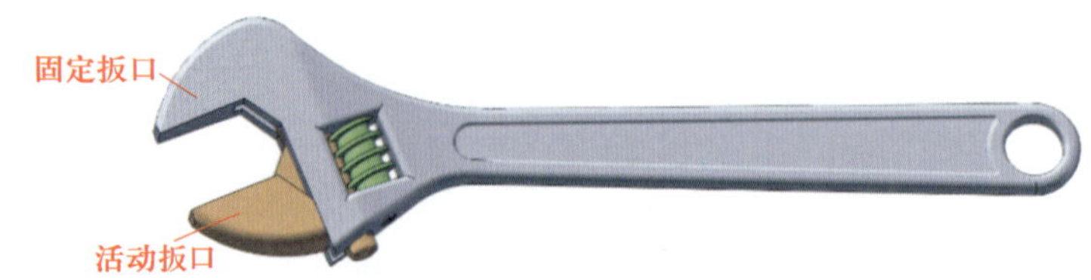

图 3–8 活扳手

答：使用活扳手时，应让其固定扳口承受主要作用力，否则容易损坏扳手。

3. 对开夹板中的螺纹连接属于普通螺纹连接中的螺栓连接，如图 3–9 所示。观看螺栓连接演示动画，说明这种螺纹连接方式的特点及应用场合。

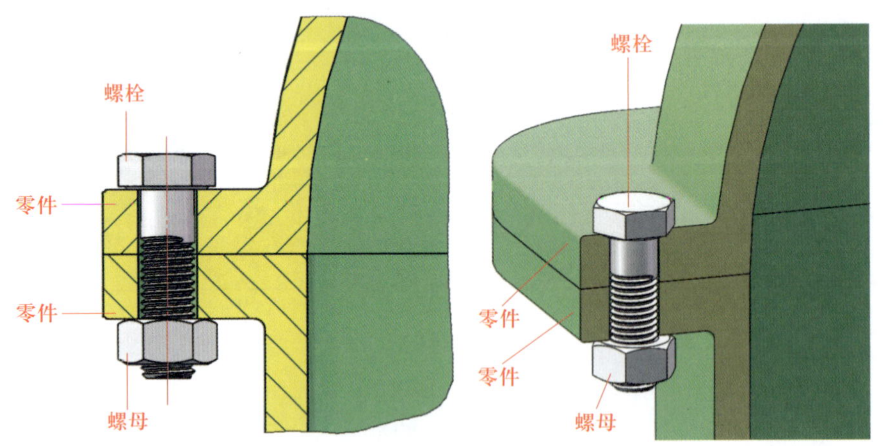

图 3–9 螺栓连接

答：普通螺纹连接是一种可拆的固定连接，它具有结构简单、连接可靠、装拆方便等优点，在机械连接中应用广泛。其中，螺栓连接用于连接两个较薄的零件，在被连接件上开有通孔，插入螺栓后在螺栓的另一端拧上螺母，螺栓连接的螺杆与孔之间有间隙，因此对通孔的加工要求较低，这种连接方式结构简单，装拆方便，应用广泛。

4. 除螺栓连接以外，你知道普通螺纹连接还有哪些连接方式吗？它们各自的连接特点和应用场合是什么？查阅信息页，填写表 3–12。

表 3–12　　普通螺纹连接

连接方式	示例简图	连接特点	应用场合
双头螺柱连接	双头螺柱 螺母 零件 零件	拆卸时只需旋下螺母，螺柱仍留在连接件螺纹孔内，因此螺纹孔不易损坏	主要用于连接件较厚且又需要经常装拆的场合
螺钉连接	螺钉 零件 零件	螺钉直接旋入被连接件的螺纹孔中，不用螺母。结构比双头螺柱连接简单、紧凑	主要用于连接件较厚或结构上受到限制，不能采用螺栓连接且不需经常装拆的场合
紧定螺钉连接	紧定螺钉 零件 零件	紧定螺钉的末端顶住其中一连接件的表面或进入该零件上相应的凹坑中，以固定两零件的相对位置	多用于轴与轴上零件的连接，可传递不大的力或扭矩

5. 装配的一般工艺过程有哪些？

答：装配的一般工艺过程如下。

（1）装配前的准备工作；

（2）装配工作；

（3）调整、精度检验和试车；

（4）喷漆、涂油和装箱。

（八）记录加工过程中遇到的问题

在表 3–13 中记录对开夹板加工过程中遇到的问题，并分析问题的产生原因、预防措施与改进办法。

表 3–13　对开夹板加工过程中遇到的问题记录单

序号	问题	产生原因	预防措施	改进办法
1				
2				
3				
4				
5				
6				
7				
8				

三、清理现场，归置物品

完成对开夹板的制作后，按照车间“7S”管理规定要求，保养工量刃具，清理现场，合理归置物品。

学习环节五　零件检测与加工质量分析

学习目标

1. 能根据对开夹板检测要素，正确领取检测量具并校验。

2. 能按产品质量检验单要求，规范、熟练地应用游标卡尺、千分尺、刀口尺、刀口形直角尺、表面粗糙度比较样块等量具对对开夹板进行加工质量检测。

3. 能依据对开夹板的检测结果，独立对产生的质量问题进行分析，优化加工方案。

4. 能按照保养规范要求，独立完成游标卡尺、千分尺、刀口尺、刀口形直角尺、表面粗糙度比较样块的维护与保养。

建议学时

4 学时

学习要求

序号	学习步骤	学习内容	学时	备注
1	领取检测量具	检测量具的领取	0.5	
2	检测对开夹板	1. 百分表的应用 2. 游标万能角度尺的应用	1.5	
3	分析加工质量	对开夹板加工质量分析	1	
4	保养及归还量具	量具的维护与保养	0.5	
5	交付产品	产品交付步骤	0.5	

学习步骤

一、领取检测量具

明确对开夹板检测要素，领取检测量具，填入表 3-14 中。

表 3-14　　对开夹板检测要素及量具表

序号	检测要素	量具名称	量具规格

续表

序号	检测要素	量具名称	量具规格

二、检测对开夹板

1. 由零件图可知，夹板 A 和夹板 B 在加工时，都对个别加工表面提出了平面度、平行度的要求。在加工过程中，你选用了哪些量具？测量时有哪些注意事项？

答：（1）可以选用百分表测量平面度和平行度。

（2）百分表使用注意事项：

1）百分表使用时应安装在专用表座或磁性表座上。

2）百分表装在表座上后，一般可转动度盘，使指针处于零位。

3）测量平面或圆柱形工件时，百分表的测头应与平面垂直或与圆柱形工件的轴线垂直，否则百分表测杆移动不灵活，测量结果不准确。

4）测量时，测杆的升降范围不宜过大，以减小由于存在间隙而产生的误差。

2. 在加工夹板 A 和夹板 B 的 30° 斜面时，需选用哪种量具进行检测？测量时的注意事项有哪些？

答：（1）可以选用游标万能角度尺测量。

（2）游标万能角度尺使用注意事项：

1）根据测量工件的不同角度，正确选用直尺和直角尺。

2）使用前要检查尺身和游标的零线是否对齐，基尺和直尺间是否漏光。

3）测量时，工件应与游标万能角度尺的两个测量面在全长上接触良好，避免误差。

3. 按表 3–15 中项目与技术要求进行检测。

表 3–15　　对开夹板检测项目与技术要求表

序号	名称	配分	项目与技术要求	评分标准	检测记录	得分
1	主要尺寸（49 分）	2×5	M8（2 处）	超差不得分		
2		5	ϕ9 mm 通孔	超差不得分		
3		4	ϕ9 mm 沉孔	超差不得分		
4		2×4	15 mm（2 处）	超差不得分		
5		2×5	48 mm（2 处）	超差不得分		
6		2×3	⏥ 0.05（2 处）	超差不得分		
7		3	// 0.06 *A*	超差不得分		
8		3	// 0.06 *B*	超差不得分		
9	次要尺寸（30 分）	2×3	8.5 mm（2 处）	超差不得分		
10		2×3	120 mm（2 处）	超差不得分		
11		4×3	17 mm（4 处）	超差不得分		
12		2×3	30°（2 处）	超差不得分		
13	表面粗糙度（8 分）	8×1	*Ra*3.2 μm（8 处）	降级不得分		
14	主观评分（8 分）	3	已加工零件倒角、倒圆、倒钝锐边、去毛刺是否符合图样要求			
15		3	已加工零件是否有划伤、碰伤和夹伤			
16		2	已加工零件与图样要求的一致性以及其余表面粗糙度			
17	更换或添加毛坯（5 分）	5	是否更换或添加毛坯		是 / 否	
18	职业素养	扣分	能正确穿戴工作服、工作鞋、安全帽和护目镜等劳动防护用品。每违反一项扣 2 分			
19			能规范使用设备、工具、量具和辅具。每违反一次扣 2 分			
20			能做好设备清洁、保养工作。不清洁、不保养扣 3 分；清洁、保养不彻底扣 2 分			
总配分		100	总得分			

三、分析加工质量

根据检测结果，分析不合格项目的产生原因，并提出预防与改进措施，完成对开夹板加工质量分析表（表 3–16）的填写。

表 3-16 对开夹板加工质量分析表

序号	不合格项目	产生原因	预防与改进措施
1			
2			
3			
4			
5			
6			
7			
8			
9			
10			

四、保养及归还量具

检测完毕，规范维护与保养所用量具，并按要求归还。

五、交付产品

将合格产品交付生产技术部。

学习环节六　工作总结与评价

学习目标

1. 能独立完成成果汇报，按分组情况展示作品，使用专业术语讲述任务完成情况。
2. 能记录其他小组对作品的评价和改进建议，独立总结工作经验，优化加工策略。
3. 能结合对开夹板制作完成情况，独立撰写工作总结，并进行成本估算。
4. 能按照“对开夹板的制作”学习任务考核表完成综合评价。

建议学时

4 学时

学习要求

序号	学习步骤	学习内容	学时	备注
1	展示与评价作品	1. 作品展示与评价 2. 缺陷原因分析	2	
2	总结工作经验	1. 工作总结方法 2. 加工策略优化	1	
3	估算成本	成本估算方法	1	

学习步骤

一、展示与评价作品

以小组为单位派出代表介绍自己小组的优秀作品，通过作品展示，锻炼小组成员的表达能力，同时提升每一位成员的专业素养。

1. 选出组内评价较高的作品进行展示，并就作品的实用性、工艺性和产品质量等内容做必要介绍，听取并记录其他小组对本组作品的评价和改进建议。

（1）实用性

建议：教师引导学生从实际应用情况来评价所制作的对开夹板，并提出改进建议。

（2）工艺性

建议：教师引导学生从对开夹板的实际加工工艺方面进行评价，并提出改进建议。

（3）产品质量

尺寸精度：

建议：教师引导学生通过检测产品的实际尺寸来评价各尺寸的精度。

表面粗糙度：

建议：教师引导学生应用表面粗糙度比较样块来检测产品的表面粗糙度。

2. 所展示作品中有哪些部位存在尺寸缺陷和表面质量缺陷？简要分析是什么原因导致的，并提出避免产生质量缺陷的加工建议。

（1）质量缺陷

尺寸缺陷：

建议：对于初学者来讲，攻制对开夹板上的内螺纹，容易出现加工缺陷。教师可引导学生从加工工艺、所用刀具、各项基本操作技能等方面总结产生尺寸缺陷的原因。

表面质量缺陷：

建议：对开夹板各平面的表面质量会因平面锉削技能掌握不熟练等原因而产生表面质量缺陷。教师可引导学生从加工工艺、所用刀具、各项基本操作技能等方面总结产生表面质量缺陷的原因。

（2）试提出避免产生质量缺陷的加工建议。

建议：教师引导学生主要从加工工艺、所用刀具、各项基本操作技能等方面提出避免产生质量缺陷的加工建议。

（3）如果下次接到相似的任务，在加工过程中，应优化哪些加工策略？

建议：教师引导学生从加工工艺和各项基本操作技能等方面入手，优化加工策略。

二、总结工作经验

总结制作对开夹板的心得体会。

1. 通过制作对开夹板，掌握了哪些钳工工艺知识？

建议：教师引导学生从划线、锯削、锉削、孔加工、攻螺纹、检测等工艺方面入手，整理所掌握的钳工工艺知识。

2. 通过制作对开夹板，掌握了哪些钳工操作技能？

建议：教师引导学生从划线、锯削、锉削、孔加工、攻螺纹、检测等操作方面入手，整理所掌握的钳工操作技能。

3. 按照制定的工艺顺序进行加工，对保障产品精度和质量有哪些意义？若变更加工顺序会产生哪些影响？

建议：教师从制定加工顺序的目的和作用入手，引导学生回答问题。

三、估算成本

1. 总结加工内容、工时，填入表 3–17 并进行成本估算。

表 3–17　　对开夹板制作成本估算

序号	加工内容	工时	成本估算项目			成本估算值
			设备	能源	辅料	
1						
2						
3						
4						
5						
6						
7						
8						
9						
10						

2. 在估算对开夹板的成本时，考虑人工费、管理费、税费了吗？如果要计算人工费、管理费、税费，对开夹板的成本应如何估算？重新估算后，把相关追加的成本因素写下来。

建议：在估算对开夹板的成本时，重点考虑材料费和人工费。在计算材料费时，让学生先计算毛坯的体积和质量（质量公式：$m=\rho V$），然后查询当地材料的价格，计算出材料的费用。人工费的估算要参考当地用人成本，并结合对开夹板的制作时间进行估算。

“对开夹板的制作”学习任务考核表

考核项目			考核方式及权重					
序号	考核内容	配分	自评		互评		师评	
			占比	得分	占比	得分	占比	得分
1	螺纹装配图的绘制	10	20%		20%		60%	
2	夹板 A、夹板 B 加工工艺过程卡的编制	30	10%		20%		70%	
3	沉孔的加工	15	—		20%		80%	
4	砂轮机安全操作规程的执行	10	—		—		100%	
5	夹板 A 平面度和平行度的检测	15	—		20%		80%	
6	表面粗糙度比较样块的维护保养	10	20%		20%		60%	
7	对开夹板的成本估算	10	10%		20%		70%	
合计		100						

任务拓展

制作燕尾镶配件

一、任务描述

某企业需要制作 30 件如图 3–10 所示的燕尾镶配件，毛坯为两块 72 mm × 45 mm × 10 mm 板料，材料为 45 钢。生产技术部将该项生产任务安排给钳工组，工件表面要求光洁、美观、无毛刺。观看燕尾镶配件的制作微课，明确任务内容。

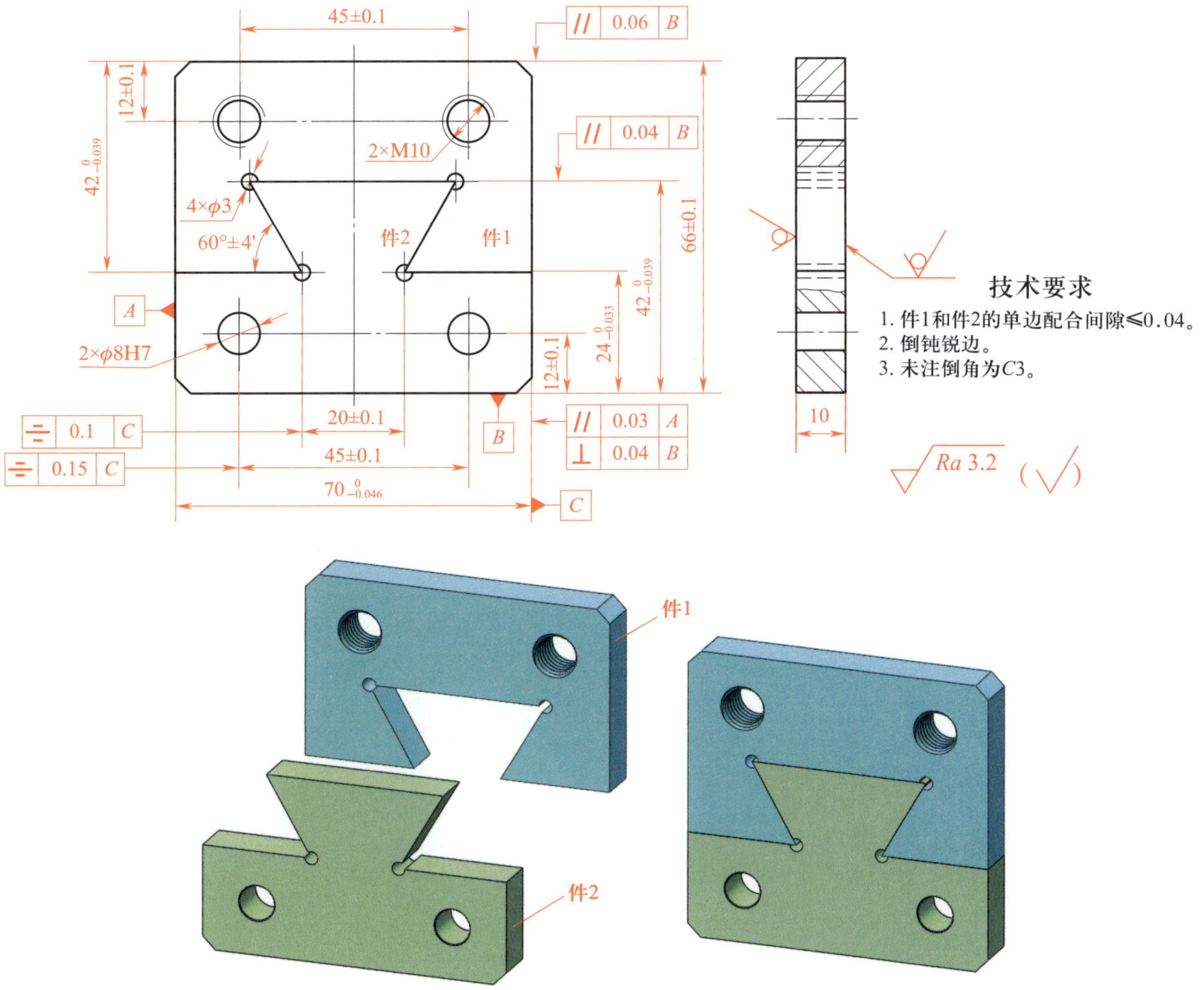

技术要求

1. 件1和件2的单边配合间隙≤0.04。
2. 倒钝锐边。
3. 未注倒角为C3。

图 3-10　燕尾镶配件

二、评分标准

按表 3-18 中项目与技术要求检测燕尾镶配件是否合格。

表 3-18　　燕尾镶配件检测项目与技术要求表

序号	名称	配分	项目与技术要求	评分标准	检测记录	得分
1	主要尺寸（59 分）	4×2	（12±0.1）mm（4 处）	超差不得分		
2		4×3	$42_{-0.039}^{0}$ mm（4 处）	超差不得分		
3		2×3	$70_{-0.046}^{0}$ mm（2 处）	超差不得分		
4		4×2	60°±4′（4 处）	超差不得分		
5		3	$24_{-0.033}^{0}$ mm	超差不得分		
6		2	（20±0.1）mm	超差不得分		
7		2	（66±0.1）mm	超差不得分		

续表

序号	名称	配分	项目与技术要求	评分标准	检测记录	得分
8		6	配合间隙≤0.04 mm	超差不得分		
9		2	∥ 0.06 *B*	超差不得分		
10		2	∥ 0.04 *B*	超差不得分		
11		2	∥ 0.03 *A*	超差不得分		
12		2	⊥ 0.04 *B*	超差不得分		
13		2	⌯ 0.15 *C*	超差不得分		
14		2	⌯ 0.1 *C*	超差不得分		
15	次要尺寸（16 分）	2×2	（45±0.1）mm（2 处）	超差不得分		
16		2×2	M10（2 处）	超差不得分		
17		2×2	ϕ8H7（2 处）	超差不得分		
18		4×1	ϕ3 mm（4 处）	超差不得分		
19	表面粗糙度（10 分）	20×0.5	*Ra*3.2 μm（20 处）	降级不得分		
20	主观评分（10 分）	5	已加工零件倒角、倒圆、倒钝锐边、去毛刺是否符合图样要求			
21		3	已加工零件是否有划伤、碰伤和夹伤			
22		2	已加工零件与图样要求的一致性以及其余表面粗糙度			
23	更换或添加毛坯（5 分）	5	是否更换或添加毛坯		是 / 否	
24	职业素养	扣分	能正确穿戴工作服、工作鞋、安全帽和护目镜等劳动防护用品。每违反一项扣 2 分			
25			能规范使用设备、工具、量具和辅具。每违反一次扣 2 分			
26			能做好设备清洁、保养工作。不清洁、不保养扣 3 分；清洁、保养不彻底扣 2 分			
总配分		100	总得分			

附 录

附录一

开瓶器的制作教学活动策划表

学习任务名称		开瓶器的制作				学时	40学时	
序号	学习环节与学时	学习目标	学习步骤	学习内容	学生活动	教师活动	学习成果	学习资源
1	学习环节一：接受工作任务（4学时）	1. 能在教师指导下，从生产主管处领取并正确阅读生产任务单，准确获取零件名称、制作材料、零件数量和完成时间等任务信息 2. 能在教师指导下，查阅信息页等资料，正确描述开瓶器所用材料的牌号含义、性能及用途 3. 能在教师指导下，查阅信息页等资料，正确识读开瓶器零件图，准确获取开瓶器尺寸精度、质量要求等加工信息 4. 能在教师指导下，确定开瓶器零件图的绘制步骤，正确、规范地绘制出开瓶器零件图	阅读生产任务单	生产任务信息的收集与提取	1. 学生以情景模拟形式扮演角色，领取生产任务单 2. 阅读生产任务单，明确零件名称、制作材料、零件数量和完成时间 3. 与班组长等相关人员沟通，了解开瓶器加工特点	1. 组织学生扮演角色 2. 进行生产任务单的发放和工作任务要求的讲解 3. 组织学生与班组长等相关人员进行沟通	签字确认后的开瓶器生产任务单	1. 开瓶器生产任务单 2. 开瓶器零件图
			识别开瓶器所用材料的牌号含义、性能及用途	碳素结构钢	查阅信息页等资料，获取制作开瓶器所用材料的牌号含义、性能及用途	指导学生通过查阅信息页等资料，获取开瓶器所用材料的信息	开瓶器生产任务信息	1. 开瓶器零件图 2. 信息页
			识读并绘制开瓶器零件图	1. 制图基本知识（图幅、标题栏、图线等） 2. 尺寸注法	1. 识读开瓶器零件图，准确获取开瓶器尺寸精度、质量要求 2. 抄画开瓶器零件图	1. 指导学生识读开瓶器零件图，检查学生开瓶器零件图信息获取程度 2. 巡回指导学生抄画零件图，检查抄画的零件图不规范之处	抄画完整的开瓶器零件图	1. 开瓶器零件图 2. 信息页

续表

学习任务名称		开瓶器的制作				学时	40学时	
序号	学习环节与学时	学习目标	学习步骤	学习内容	学生活动	教师活动	学习成果	学习资源
2	学习环节二：确定加工步骤（2学时）	1. 能在教师指导下，根据工作任务要求，以小组合作方式制订合理的工作进度计划，并根据小组成员的特点进行分工 2. 能在教师指导下，查阅信息页等资料，准确识读开瓶器加工工艺过程卡，获取工序信息，确定开瓶器的加工步骤 3. 能通过识读开瓶器加工工艺过程卡，获取制作开瓶器每个工序的名称、所用设备和工艺装备等信息 4. 能通过识读开瓶器加工工艺过程卡，获取加工开瓶器内外轮廓的加工步骤	制订工作进度计划	工作进度计划	1. 在教师指导下，确定每位组员的分工，制订合理的工作进度计划 2. 通过小组讨论，提出工作进度计划表的优化建议，确定优化后的工作进度计划表	1. 巡回指导学生开展小组讨论，制订工作进度计划 2. 组织学生提出优化建议，确定最优工作进度计划	填写完整的工作进度计划表	工作进度计划表
			阅读加工工艺过程卡	1. 生产过程与工艺过程 2. 加工工艺过程卡	1. 在教师指导下，查阅信息页等资料，以小组合作方式准确识读开瓶器加工工艺过程卡 2. 以小组合作方式，通过组内讨论识读加工工艺过程卡，获取制作开瓶器所需的加工工序、加工设备、加工方法、加工装备等关键信息 3. 以小组合作方式，通过组内讨论识读加工工艺过程卡，获取加工开瓶器加工步骤	1. 巡回指导学生通过查阅信息页等资料，识读开瓶器加工工艺过程卡 2. 组织学生通过组内讨论，获取制作开瓶器所需的加工工序、加工设备、加工方法、加工装备等关键信息 3. 组织学生通过组内讨论，获取加工开瓶器加工步骤	开瓶器加工步骤	1. 开瓶器加工工艺过程卡 2. 信息页
3	学习环节三：加工准备（16学时）	1. 能在教师指导下，查阅信息页或观看操作视频，明确钳工的定义，熟悉钳工工作特点和主要工作任务 2. 能与教师进行专业沟通，正确识别钳工常用设备、工具和量具，并准确描述其用途 3. 能通过查阅信息页等资料，准确描述企业对钳工工作的安全文明生产要求	认识钳加工	1. 钳工岗位认知 2. 钳工常用设备认知 3. 钳工常用工具认知 4. 钳工常用量具认知	1. 通过观看视频及查阅资料，了解钳工基本定义、基本操作内容 2. 通过观看视频及查阅资料，熟悉钳工工作环境，认识常用工量刃具，了解钳工安全文明生产要求 3. 通过观看视频及查阅资料，熟悉钳工常用设备及其结构	1. 播放并组织学生观看钳工相关视频 2. 指导学生查阅信息页，获取钳工基本操作内容、生产环境、常用工量刃具、安全生产文明要求等相关知识 3. 指导学生查阅信息页，熟悉钳工常用设备及其结构	1. 钳工基本操作内容 2. 钳工常用工量刃具 3. 钳工常用设备	1. 钳加工视频 2. 信息页

续表

学习任务名称		开瓶器的制作				学时	40学时	
序号	学习环节与学时	学习目标	学习步骤	学习内容	学生活动	教师活动	学习成果	学习资源
3	学习环节三：加工准备（16学时）	4. 能在教师指导下，通过查阅信息页或观看操作视频，确定制作开瓶器的划线步骤、锯割方法、孔的加工方法、錾削方法、锉削方法	确定划线步骤	划线基础知识及划线操作	1. 通过观看划线操作视频及查阅资料，获取划线的定义、作用、特点、方法、步骤等信息 2. 通过查阅资料和小组讨论，掌握划线基础知识及其操作，完成工作页相关内容的填写，并确定开瓶器划线步骤	1. 播放并组织学生观看划线操作视频，查阅信息页等资料讲授划线的定义、作用、特点、方法、步骤等信息 2. 引导学生查阅信息页，明确划线基础知识及其操作，巡回检查各小组工作页完成情况及开瓶器划线步骤是否确定	开瓶器划线步骤	1. 划线操作视频 2. 信息页
			确定锯削方法	锯削基础知识及锯削操作	1. 通过观看锯削操作视频及查阅资料，获取锯削定义与用途、锯削基本操作要领、锯削注意事项、锯弓锯条结构、锯条安装方法的相关信息 2. 通过查阅资料和小组讨论，完成工作页相关内容的填写，并选择开瓶器的锯削方法	1. 播放并组织学生观看锯削操作视频，引导学生查阅信息页等资料，获取锯削的定义与用途、锯削基本操作要领、锯削注意事项、锯弓锯条结构、锯条安装方法的相关信息 2. 引导学生进行小组讨论，选择开瓶器的锯削方法并巡回检查学生工作页相关内容的完成情况	开瓶器锯削方法	1. 锯削操作视频 2. 信息页
			确定孔的加工方法	钻孔基础知识及钻孔方法	1. 通过观看钻孔操作视频及查阅资料，获取钻孔定义、麻花钻结构、台式钻床结构及其工作原理、钻孔时安全注意事项的相关信息 2. 通过小组讨论，确定开瓶器孔的加工方法，并完成工作页相关内容的填写	1. 播放并组织学生观看钻孔操作视频，引导学生查阅资料，获取钻孔定义、麻花钻结构、台式钻床结构及其工作原理、钻孔时安全注意事项的相关信息 2. 引导学生进行小组讨论，确定开瓶器孔的加工方法，并巡回检查各小组工作页相关内容填写情况	开瓶器孔的加工方法	1. 钻孔操作视频 2. 信息页

续表

学习任务名称		开瓶器的制作				学时	40学时	
序号	学习环节与学时	学习目标	学习步骤	学习内容	学生活动	教师活动	学习成果	学习资源
3	学习环节三：加工准备（16学时）	5. 能在教师指导下，规范应用游标卡尺和半径样板测量长度尺寸和圆弧半径	选择内部余料的去除方法	錾削基础知识及錾削方法	1. 通过观看錾削操作视频及查阅资料，获取錾削定义、作用、特点以及錾子的结构与刃磨、錾削姿势、錾削方法的相关信息 2. 通过小组讨论，选择开瓶器去除内轮廓余料的方法，并完成工作页相关内容的填写	1. 播放并组织学生观看錾削操作视频，并引导学生查阅资料获取錾削定义、作用、特点以及錾子的结构与刃磨、錾削姿势、錾削方法的相关信息 2. 引导学生进行小组讨论，选择开瓶器去除内轮廓余料的方法，巡回检查各小组工作页完成情况	开瓶器錾削方法	1. 錾削操作视频 2. 信息页
			选择锉削方法	锉削基础知识及锉削方法	1. 通过观看锉削操作视频及查阅资料，获取锉削定义、方法、锉削动作要领、锉刀结构与组成的相关信息 2. 通过小组讨论，选择开瓶器内外轮廓的锉削方法，并完成工作页相关内容的填写	1. 播放并组织学生观看锉削操作视频，引导学生查阅资料，获取锉削定义、方法、锉削动作要领、锉刀结构与组成的相关信息 2. 引导学生进行小组讨论，选择开瓶器内外轮廓的锉削方法，并巡回检查各小组工作页完成情况	开瓶器内外轮廓的锉削方法	1. 锉削操作视频 2. 信息页
			选择检测量具	1. 游标卡尺的应用 2. 半径样板的应用	1. 通过观看游标卡尺读数视频及查阅资料，获取游标卡尺结构、读数原理和半径样板用途的相关信息 2. 通过小组讨论，选择开瓶器检测量具，并完成工作页相关内容的填写	1. 播放并组织学生观看游标卡尺读数视频，并查阅资料，获取游标卡尺结构、读数原理和半径样板用途的相关信息 2. 引导学生进行小组讨论，选择开瓶器检测量具，并巡回检查各小组工作页完成情况	开瓶器检测量具	1. 游标卡尺读数视频 2. 信息页

续表

学习任务名称		开瓶器的制作				学时	40 学时	
序号	学习环节与学时	学习目标	学习步骤	学习内容	学生活动	教师活动	学习成果	学习资源
4	学习环节四：制作开瓶器（10 学时）	1. 能在教师指导下，遵守安全操作规程，正确穿戴工装和劳动防护用品 2. 能在教师指导下，依据开瓶器加工步骤，确定开瓶器加工过程所使用的工量刃具，并完成工量刃具的领取、校验，做好加工前的场地和设备准备工作 3. 能根据开瓶器零件图，划出定位基准线、孔的定位线、内外轮廓线和锯削加工线 4. 能根据孔的中心位置，钻开瓶器内轮廓孔和工艺孔，完成孔加工 5. 能选择合适的錾削工具，按照划出的轮廓加工线，去除开瓶器内轮廓余料，完成开瓶器的錾削加工 6. 能依据划出的内轮廓线，正确选用锉刀，完成开瓶器内轮廓的加工 7. 能依据锯削加工线，锯掉多余边料，完成开瓶器外轮廓粗加工 8. 能依据图样要求，完成开瓶器外轮廓的锉削加工 9. 能规范地使用游标卡尺、半径样板等量具在开瓶器加工过程中适时测量，保证加工质量	领取工量刃具和毛坯	1. 钳加工安全操作规程 2. 工量刃具和毛坯的领取与检查	1. 学生穿戴好工作服，现场熟悉钳工实训车间，了解钳工安全操作规程 2. 通过小组讨论，完成开瓶器工量刃具清单的填写，并根据清单内容完成工量刃具的领取、校验 3. 领取开瓶器毛坯，并检查毛坯外形尺寸 4. 在教师指导下，以小组合作方式完成开瓶器加工前场地和设备的准备工作	1. 检查学生工作服穿戴是否整齐，强调钳工实训车间安全注意事项 2. 组织学生填写制作开瓶器所需的工量刃具清单并完成工量刃具的领取、校验 3. 发放开瓶器毛坯，并组织学生检查其尺寸 4. 指导并检查学生开瓶器加工前场地及设备的准备情况	1. 填写完整的场地、设备使用申请表 2. 填写完整的工量刃具清单	1. 钳工实训车间安全操作规程 2. 工量刃具清单
			制作开瓶器	1. 划线 2. 钻孔 3. 錾削 4. 锉削开瓶器内轮廓 5. 锯削 6. 锉削开瓶器外轮廓 7. 检测 8. 记录加工过程中遇到的问题	1. 划线 2. 钻孔 3. 錾削 4. 锉削开瓶器内轮廓 5. 锯削 6. 锉削开瓶器外轮廓 7. 检测 8. 记录开瓶器加工过程中遇到的问题，并说明问题的产生原因、预防措施与改进办法	1. 引导学生划出定位基准线、孔的定位线、内外轮廓线及锯削加工线 2. 引导学生应用台式钻床进行钻孔 3. 引导学生通过錾削去除内部余料 4. 引导学生锉削开瓶器内轮廓 5. 引导学生沿锯削加工线锯削去除外部余料 6. 引导学生锉削开瓶器外轮廓 7. 引导学生应用游标卡尺等量具检测开瓶器加工尺寸 8. 引导学生记录开瓶器加工过程中遇到的问题，指导学生讨论分析问题的产生原因、预防措施与改进办法	制作完成后的开瓶器实物	1. 开瓶器制作视频 2. 问题记录单

续表

学习任务名称		开瓶器的制作				学时	40学时	
序号	学习环节与学时	学习目标	学习步骤	学习内容	学生活动	教师活动	学习成果	学习资源
4	学习环节四：制作开瓶器（10学时）	10. 能在教师指导下，按照车间“7S”管理规定和环保管理制度要求，小组合作完成工量刃具放置、现场整理和设备保养 11. 能在作业过程中严格执行企业操作规范、安全生产制度、环保管理制度以及“7S”管理规定，逐步养成吃苦耐劳、爱岗敬业的工作态度和职业责任感	清理现场，归置物品	1.“7S”管理制度 2 设备、工具、量具的维护与保养	1. 对钻床、台虎钳进行清扫和维护保养 2. 对使用的工量刃具进行清理和归置 3. 对钳工实训车间进行清扫、整理	1. 指导并检查学生对钻床、台虎钳进行清扫和维护保养 2. 指导并检查学生对使用的工量刃具进行清理和归置 3. 指导并检查学生对钳工实训车间进行清扫	1.“7S”场地、整理好的设备 2. 清理并归置后的工量刃具	1. 钻床、台虎钳保养手册 2. 实训车间整理要求
5	学习环节五：零件检测与加工质量分析（4学时）	1. 能根据开瓶器检测要素，正确领取检测量具 2. 能按产品质量检验单要求，规范应用游标卡尺和半径样板等通用量具，准确地完成开瓶器加工质量检测	领取检测量具	检测量具的领取与检查	1. 分析零件检测要素，通过小组讨论填写开瓶器检测要素及量具表 2. 根据表中量具规格领取量具	1. 指导并检查各小组填写开瓶器检测要素及量具表 2. 组织各小组领取量具	填写完整的开瓶器检测要素及量具表	开瓶器检测要素及量具表
			检测开瓶器	1. 游标卡尺的应用 2. 半径样板的应用	1. 根据开瓶器检测项目与技术要求表，正确使用量具对开瓶器特征尺寸进行检测 2. 在开瓶器检测项目与技术要求表中填写检测记录并进行评分	1. 巡回指导各小组学生对开瓶器零件进行检测 2. 检查各小组开瓶器检测项目与技术要求表中内容是否填写正确	填写好检测记录的开瓶器检测项目与技术要求表	开瓶器检测项目与技术要求表
			分析加工质量	开瓶器加工质量分析	1. 各小组代表汇报展示检测结果，小组讨论分析不合格项目产生原因，并提出预防与改进措施 2. 完成开瓶器加工质量分析表的填写	1. 组织各小组汇报开瓶器零件检测结果，引导各小组讨论分析不合格项目产生原因，以及如何预防和解决 2. 组织各小组完成开瓶器加工质量分析表的填写	填写完整的开瓶器加工质量分析表	开瓶器加工质量分析表

续表

学习任务名称		开瓶器的制作				学时	40学时	
序号	学习环节与学时	学习目标	学习步骤	学习内容	学生活动	教师活动	学习成果	学习资源
5	学习环节五：零件检测与加工质量分析（4学时）	3. 能在教师指导下，依据开瓶器的检测结果，对产生的质量问题进行分析，优化加工方案 4. 能在教师指导下，按照保养规范要求，完成游标卡尺、半径样板的维护与保养	保养及归还量具	游标卡尺的维护与保养	根据量具保养要求，对使用的量具进行保养和归还	指导学生阅读量具保养要求，对量具进行保养和归还	填写完整的量具保养记录表	量具保养记录表
			交付产品	产品交付步骤	填写开瓶器零件交付记录单，将合格产品进行包装并交付	指导、检查学生正确填写开瓶器零件交付记录单，并完成合格产品的包装及交付	填写完整的开瓶器零件交付记录单	开瓶器零件交付记录单
6	学习环节六：工作总结与评价（4学时）	1. 能在教师指导下，以小组合作方式完成成果汇报，按分组情况展示作品，讲述任务完成情况 2. 能在教师指导下，记录其他小组对作品的评价和改进建议，总结工作经验，优化加工策略 3. 能在教师指导下，结合开瓶器制作完成情况，撰写工作总结，并进行成本估算 4. 能按照“开瓶器的制作”学习任务考核表完成综合评价	展示与评价作品	1. 作品展示与评价 2. 缺陷原因分析	1. 在教师指导下，以小组合作方式制作PPT，并选派代表进行汇报 2. 记录其他小组对本组作品的评价和改进建议，总结工作经验，优化工作策略	1. 引导学生完成成果展示和汇报 2. 对各小组作品给出评价和建议，并组织学生总结工作经验	汇报PPT	—
			总结工作经验	1. 工作总结方法 2. 加工策略优化	结合开瓶器完成情况，以小组合作方式撰写工作总结	讲解撰写工作总结的方法与要求	工作心得体会	—
			估算成本	成本估算方法	结合开瓶器完成情况，以小组合作方式进行成本估算	讲解成本估算方法	填写完整的开瓶器制作成本估算表	—

附录二

錾口手锤的制作教学活动策划表

<table>
<tr><td colspan="2">学习任务名称</td><td colspan="4">錾口手锤的制作</td><td>学时</td><td colspan="2">40 学时</td></tr>
<tr><td>序号</td><td>学习环节与学时</td><td>学习目标</td><td>学习步骤</td><td>学习内容</td><td>学生活动</td><td>教师活动</td><td>学习成果</td><td>学习资源</td></tr>
<tr><td rowspan="3">1</td><td rowspan="3">学习环节一：接受工作任务（4 学时）</td><td rowspan="3">1. 能以小组合作方式，从生产主管处领取并正确阅读生产任务单，准确获取零件名称、制作材料、零件数量和完成时间等任务信息
2. 能以小组合作方式，通过查阅信息页等资料，正确识别錾口手锤所用材料的牌号含义、性能及用途
3. 能以小组合作方式，通过查阅信息页等资料，正确识读錾口手锤零件图，准确获取錾口手锤的形状、尺寸、表面粗糙度、几何公差、材料等加工信息
4. 能以小组合作方式，确定錾口手锤零件图的绘制方法，正确、规范地绘制錾口手锤零件图</td><td>阅读生产任务单</td><td>生产任务信息的收集与提取</td><td>1. 学生以情景模拟形式扮演角色，领取生产任务单
2. 阅读生产任务单，明确零件名称、制作材料、零件数量和完成时间
3. 与班组长等相关人员沟通，了解錾口手锤加工特点</td><td>1. 组织学生扮演角色
2. 进行生产任务单的发放和工作任务要求的讲解
3. 组织学生与班组长等相关人员进行沟通</td><td>签字确认后的錾口手锤生产任务单</td><td>1. 錾口手锤生产任务单
2. 錾口手锤零件图</td></tr>
<tr><td>识别錾口手锤所用材料的牌号含义、性能及用途</td><td>优质碳素结构钢</td><td>查阅信息页等资料，获取制作錾口手锤所用材料的牌号含义、性能及用途</td><td>指导学生通过查阅信息页等资料获取錾口手锤所用材料的信息</td><td>錾口手锤生产任务信息</td><td>1. 錾口手锤零件图
2. 信息页</td></tr>
<tr><td>识读并绘制錾口手锤零件图</td><td>1. 图样的基本表示法
2. 螺纹的表示法
3. 几何公差标注
4. 表面结构要求
5. 钢的热处理</td><td>1. 通过小组讨论，识读錾口手锤零件图，准确获取錾口手锤尺寸精度、质量要求
2. 抄画錾口手锤零件图</td><td>1. 指导学生识读錾口手锤零件图，并检查学生錾口手锤零件图信息获取程度
2. 巡回指导学生抄画零件图，检查抄画不规范之处</td><td>抄画完整的錾口手锤零件图</td><td>錾口手锤零件图</td></tr>
<tr><td>2</td><td>学习环节二：确定加工步骤（4 学时）</td><td>1. 能根据工作任务要求，以小组合作方式制订合理的工作进度计划，并根据小组成员的特点进行分工
2. 能以小组合作方式，准确识读錾口手锤加工工艺过程卡，获取工序信息，确定錾口手锤的加工步骤</td><td>制订工作进度计划</td><td>工作进度计划</td><td>1. 通过小组讨论，确定组员每个人的分工，制订合理的工作进度计划
2. 通过小组讨论，提出工作进度计划表的优化建议，确定优化后的工作进度计划表</td><td>1. 巡回指导，引导学生开展小组讨论制订工作进度计划
2. 组织学生提出优化建议，确定最优工作进度计划</td><td>填写完整的工作进度计划表</td><td>工作进度计划表</td></tr>
</table>

续表

学习任务名称		錾口手锤的制作				学时	40学时	
序号	学习环节与学时	学习目标	学习步骤	学习内容	学生活动	教师活动	学习成果	学习资源
2	学习环节二：确定加工步骤（4学时）	3. 能依据錾口手锤加工步骤，绘制工序简图 4. 能查阅基准的选择原则等资料，正确设计锯、锉长方体的加工步骤和精锉顺序 5. 能通过阅读錾口手锤加工工艺过程卡，明确錾口手锤热处理部位和热处理要求	阅读加工工艺过程卡	1. 錾口手锤加工工艺过程卡 2. 基准的选择	1. 查阅信息页等资料，准确识读錾口手锤加工工艺过程卡，获取制作錾口手锤的加工工序信息，确定錾口手锤加工步骤 2. 根据錾口手锤加工工艺过程卡，绘制錾口手锤加工工序简图 3. 查阅基准的选择原则等资料，正确设计锯、锉长方体的加工步骤和精锉顺序 4. 阅读錾口手锤加工工艺过程卡，获取錾口手锤热处理部位和热处理要求	1. 指导学生查阅信息页等资料，识读錾口手锤加工工艺过程卡，获取制作錾口手锤的加工工序信息，确定錾口手锤加工步骤 2. 指导学生根据錾口手锤加工工艺过程卡，绘制錾口手锤加工工序简图 3. 指导学生正确设计锯、锉长方体的加工步骤和精锉顺序 4. 指导学生获取錾口手锤热处理部位和热处理要求	1. 錾口手锤加工步骤 2. 工序步骤 3. 绘制好的錾口手锤工序简图	1. 錾口手锤加工工艺过程卡 2. 錾口手锤工序简图 3. 信息页
3	学习环节三：加工准备（10学时）	1. 能通过查阅信息页等资料，正确选择錾口手锤平面的锉削方法 2. 能根据錾口手锤内螺纹的标记符号，正确选择加工方法，并能确定攻螺纹前的底孔直径 3. 能通过查阅信息页或观看攻螺纹操作视频，学会攻螺纹操作	选择平面锉削方法	平面锉削方法	1. 通过观看平面锉削操作视频及查阅资料，获取平面锉削的操作要领 2. 通过小组讨论，确定錾口手锤平面锉削方法，并完成工作页相关问题的填写	1. 播放并组织学生观看平面锉削操作视频，引导学生查阅资料，获取平面锉削的操作要领 2. 引导学生进行小组讨论，确定錾口手锤平面锉削方法，并巡回检查学生工作页完成情况	填写完整的平面锉削的操作要领及应用表	1. 平面锉削操作视频 2. 信息页
			确定螺纹加工方法	攻螺纹基础知识及操作方法	1. 通过查阅资料，根据錾口手锤内螺纹的标记符号，正确选择螺纹加工方法，并确定攻螺纹前的底孔直径 2. 通过观看攻螺纹操作视频及查阅资料，获取攻螺纹的操作要领	1. 引导学生正确选择螺纹加工方法，并确定攻螺纹前的底孔直径 2. 播放并组织学生观看攻螺纹操作视频，引导学生查阅信息页，获取攻螺纹的操作要领	攻螺纹的操作要领	1. 攻螺纹操作视频 2. 信息页

续表

学习任务名称		錾口手锤的制作				学时	40学时	
序号	学习环节与学时	学习目标	学习步骤	学习内容	学生活动	教师活动	学习成果	学习资源
3	学习环节三：加工准备（10学时）	4. 能通过信息页等资料，查阅钢的常用热处理方法及目的，确定錾口手锤头部热处理方法 5. 能规范应用千分尺检测工件的尺寸精度，能规范应用刀口尺、直角尺等量具检测平面度、平行度、垂直度等几何公差 6. 能应用表面粗糙度比较样块对比出工件的表面粗糙度	确定錾口手锤头部热处理方法	钢的热处理知识	通过查阅信息页等资料，获取钢的常用热处理定义、方法、目的，确定錾口手锤头部热处理方法	指导学生查阅资料，获取钢的常用热处理定义、方法、目的，确定錾口手锤头部热处理方法	錾口手锤头部热处理方法	信息页
			选择检测量具	1. 千分尺工作原理及读数方法 2. 平面度、平行度、垂直度的检测 3. 表面粗糙度的检测	1. 通过观看视频，获取千分尺结构、工作原理、读数步骤、使用注意事项 2. 通过查阅资料，获取刀口尺检测平面度、平行度的方法 3. 通过查阅资料，获取直角尺检测垂直度的方法 4. 通过观看视频和查阅资料，获取通过表面粗糙度比较样块检测工件表面粗糙度的方法 5. 小组讨论，确定检测錾口手锤所用量具	1. 播放并组织学生观看千分尺使用操作视频，获取千分尺结构及使用方法 2. 指导学生查阅资料，获取刀口尺检测平面度、平行度的方法 3. 指导学生查阅资料，获取直角尺检测垂直度的方法 4. 播放并组织学生观看视频，指导学生获取通过表面粗糙度比较样块检测工件表面粗糙度的方法 5. 引导学生进行小组讨论，确定检测錾口手锤所用量具	錾口手锤检测量具	1. 千分尺使用操作视频 2. 0～25 mm千分尺 3. 刀口尺 4. 直角尺 5. 表面粗糙度比较样块
4	学习环节四：制作錾口手锤（14学时）	1. 能遵守安全操作规程，正确穿戴工装和劳动防护用品 2. 能依据錾口手锤加工步骤，以小组合作方式确定錾口手锤加工过程所使用的工量刃具，并完成工量刃具的领取、校验，做好加工前的场地及设备准备工作 3. 能根据錾口手锤零件图，通过划线、锯削、锉削等操作将棒料加工成长方体	领取工量刃具和毛坯	1. 钳加工安全操作规程 2. 工量刃具和毛坯的领取与检查	1. 学生穿戴好工作服，牢记钳工实训车间安全操作规程 2. 通过小组讨论，完成錾口手锤工量刃具清单的填写，并根据清单内容完成工量刃具的领取、校验 3. 领取錾口手锤毛坯，并检查毛坯外形尺寸 4. 以小组合作方式完成錾口手锤加工前场地和设备的准备工作	1. 检查学生工作服穿戴是否整齐，强调钳工实训车间安全注意事项 2. 组织学生填写制作錾口手锤所需的工量刃具清单并完成工量刃具的领取、校验 3. 发放錾口手锤毛坯，并组织学生检查尺寸 4. 指导并检查学生錾口手锤加工前场地及设备的准备情况	1. 填写完整的场地、设备使用申请表 2. 填写完整的工量刃具清单	1. 钳工实训车间安全操作规程 2. 工量刃具清单

续表

学习任务名称		錾口手锤的制作				学时	40学时	
序号	学习环节与学时	学习目标	学习步骤	学习内容	学生活动	教师活动	学习成果	学习资源
4	学习环节四：制作錾口手锤（14学时）	4. 能根据錾口手锤零件图，正确划出錾口手锤头部、中间圆弧和尾部等轮廓加工线 5. 能依据錾口手锤头部、中间圆弧和尾部等轮廓加工线，完成錾口手锤外形轮廓的加工 6. 能根据錾口手锤零件图，划出M8螺孔位置线；能应用台式钻床完成螺纹底孔的加工；能应用丝锥和铰杠完成M8内螺纹的手动加工 7. 能在教师指导下，完成錾口手锤头部和尾部的淬火与回火处理 8. 能在加工过程中选用合适的量具完成对錾口手锤的精度控制，保证加工质量 9. 能按照车间“7S”管理规定及环保管理制度要求，以小组合作方式完成工量刃具放置、现场整理和设备保养 10. 能在作业过程中严格执行企业操作规范、安全生产制度、环保管理制度以及“7S”管理规定，具有吃苦耐劳、爱岗敬业的工作态度和职业责任感	制作錾口手锤	1. 将毛坯锯、锉成长方体 2. 精锉长方体 3. 划线 4. 锯削斜面 5. 锉削轮廓面并倒角 6. 钻螺纹底孔并孔口倒角 7. 攻螺纹 8. 热处理 9. 记录加工过程中遇到的问题	1. 将毛坯锯、锉成长方体 2. 精锉长方体 3. 划线 4. 锯削斜面 5. 锉削轮廓面并倒角 6. 钻螺纹底孔并孔口倒角 7. 攻螺纹 8. 热处理 9. 记录錾口手锤加工过程中遇到的问题，小组讨论，分析问题的产生原因、预防措施与改进办法	1. 引导学生将毛坯锯、锉成长方体 2. 引导学生根据零件图精锉长方体 3. 引导学生划出錾口手锤轮廓加工线 4. 引导学生锯削斜面 5. 引导学生锉削轮廓面并倒角 6. 引导学生钻螺纹底孔并孔口倒角 7. 引导学生攻螺纹 8. 引导学生对錾口手锤两端头部进行热处理淬硬 9. 引导学生记录錾口手锤加工过程中遇到的问题，指导学生讨论分析问题的产生原因、预防措施与改进办法	制作完成后的錾口手锤实物	1. 錾口手锤制作视频 2. 问题记录单
			清理现场，归置物品	1.“7S”管理制度 2 设备、工具、量具的维护与保养	1. 对钻床、台虎钳进行清扫和维护保养 2. 对使用的工量刃具进行清理和归置 3. 对钳工实训车间进行清扫和整理	1. 指导并检查学生对钻床、台虎钳进行清扫和维护保养 2. 指导并检查学生对使用的工量刃具进行清理和归置 3. 指导并检查学生对钳工实训车间进行清扫和整理	1.“7S”场地、整理好的设备 2. 清理并归置后的工量刃具	1. 钻床、台虎钳保养手册 2. 实训车间整理要求

续表

学习任务名称		錾口手锤的制作				学时	40学时	
序号	学习环节与学时	学习目标	学习步骤	学习内容	学生活动	教师活动	学习成果	学习资源
5	学习环节五：零件检测与加工质量分析（4学时）	1. 能根据錾口手锤检测要素，正确领取检测量具 2. 能按产品质量检验单要求，规范、熟练地应用游标卡尺、千分尺、刀口尺、直角尺、表面粗糙度比较样块等量具对錾口手锤进行加工质量检测 3. 能依据錾口手锤的检测结果，以小组合作方式对产生的质量问题进行分析，优化加工方案	领取检测量具	检测量具的领取	1. 分析零件检测要素，通过小组讨论填写錾口手锤检测要素及量具表 2. 根据表中量具规格，领取量具	1. 指导并检查各小组填写錾口手锤检测要素及量具表 2. 组织各小组领取量具	填写完整的錾口手锤检测要素及量具表	錾口手锤检测要素及量具表
			检测錾口手锤	1. 应用千分尺检测长度尺寸 2. 平面度的检测 3. 平行度的检测 4. 垂直度的检测 5. 表面粗糙度的检测	1. 根据錾口手锤检测项目与技术要求表，正确使用量具对錾口手锤的特征尺寸、表面粗糙度、几何公差进行检测 2. 在錾口手锤检测项目与技术要求表中填写检测记录并进行评分	1. 巡回指导各小组对錾口手锤零件进行检测 2. 检查各小组錾口手锤检测项目与技术要求表中内容是否填写正确	填写好检测记录的錾口手锤检测项目与技术要求表	錾口手锤检测项目与技术要求表
			分析加工质量	錾口手锤加工质量分析	1. 各小组代表汇报展示检测结果，小组讨论分析不合格项目产生原因，并提出预防与改进措施 2. 完成錾口手锤加工质量分析表的填写	1. 组织各小组汇报錾口手锤零件检测结果，引导各小组讨论分析不合格项目产生原因，以及如何预防和解决 2. 组织各小组完成錾口手锤加工质量分析表的填写	填写完整的錾口手锤加工质量分析表	錾口手锤加工质量分析表
			保养及归还量具	量具保养方法	能根据量具保养要求，对使用的量具进行保养和归还	指导学生阅读量具保养要求，对量具进行保养和归还	填写完整的量具保养记录表	量具保养记录表

续表

学习任务名称		錾口手锤的制作				学时	40学时	
序号	学习环节与学时	学习目标	学习步骤	学习内容	学生活动	教师活动	学习成果	学习资源
5	学习环节五：零件检测与加工质量分析（4学时）	4. 能按照保养规范要求，以小组合作方式完成游标卡尺、千分尺、刀口尺、直角尺、表面粗糙度比较样块的维护与保养	交付产品	产品交付步骤	填写錾口手锤零件交付记录单，将合格产品进行包装并交付	指导、检查学生正确填写錾口手锤零件交付记录单，并完成合格产品的包装及交付	填写完整的錾口手锤零件交付记录单	錾口手锤零件交付记录单
6	学习环节六：工作总结与评价（4学时）	1. 能以小组合作方式完成成果汇报，按分组情况展示作品，使用专业术语讲述任务完成情况 2. 能记录其他小组对作品的评价和改进建议，小组合作总结工作经验，优化加工策略 3. 能结合錾口手锤制作完成情况，小组合作撰写工作总结，并进行成本估算 4. 能按照“錾口手锤的制作”学习任务考核表完成综合评价	展示与评价作品	1. 作品展示与评价 2. 缺陷原因分析	1. 在教师指导下，以小组合作方式制作PPT，并选派代表进行汇报 2. 记录其他小组对本组作品的评价和改进建议，总结工作经验，优化工作策略	1. 引导学生完成成果展示和汇报 2. 对各小组作品给出评价和建议，并组织学生总结工作经验	汇报PPT	—
			总结工作经验	1. 工作总结方法 2. 加工策略优化	结合錾口手锤完成情况，以小组合作方式撰写工作总结	讲解撰写工作总结的方法与要求	工作心得体会	—
			估算成本	成本估算方法	结合錾口手锤完成情况，以小组合作方式进行成本估算	讲解成本估算方法	填写完整的錾口手锤制作成本估算表	—

附录三

对开夹板的制作教学活动策划表

学习任务名称		对开夹板的制作				学时	40学时	
序号	学习环节与学时	学习目标	学习步骤	学习内容	学生活动	教师活动	学习成果	学习资源
1	学习环节一：接受工作任务（4学时）	1. 能独立从生产主管处领取并正确阅读生产任务单，准确获取零件名称、制作材料、零件数量和完成时间等任务信息 2. 能查阅信息页等资料，正确识读对开夹板零件图和装配图，准确获取对开夹板的形状、尺寸、表面粗糙度、几何公差等加工信息 3. 能查阅相关资料，明确对开夹板的用途，并阐述对开夹板的工作过程 4. 在工作过程中，能自我约束、服从管理、尊重他人，认真听取他人想法，进行有效的沟通与合作，创造积极向上的工作氛围	阅读生产任务单	生产任务信息的收集与提取	1. 学生以情景模拟形式扮演角色，领取生产任务单 2. 阅读生产任务单，明确零件名称、制作材料、零件数量和完成时间 3. 与班组长等相关人员沟通，了解对开夹板加工特点	1. 组织学生扮演角色 2. 进行生产任务单的发放和工作任务要求的讲解 3. 组织学生与班组长等相关人员进行沟通	签字确认后的对开夹板生产任务单	1. 对开夹板生产任务单 2. 对开夹板图样
			识读对开夹板图样	1. 对开夹板图样 2. 螺纹的画法 3. 螺栓连接	1. 通过小组讨论，识读对开夹板图样，准确获取对开夹板尺寸精度、质量要求 2. 通过小组合作，查阅信息页，获取螺纹种类、标记方法、螺纹连接方法、IT10级零件尺寸的公差，绘制螺纹装配图 3. 通过小组合作，查阅信息页，明确对开夹板的用途，并阐述对开夹板的工作过程	1. 指导并检查学生对开夹板零件图信息获取程度 2. 巡回指导并检查学生绘制的螺纹装配图不规范之处 3. 引导学生进行小组讨论，明确对开夹板的用途，并阐述对开夹板的工作过程	1. 对开夹板加工信息 2. 螺纹装配图 3. 对开夹板工作过程描述	1. 对开夹板图样 2. 信息页
2	学习环节二：确定加工步骤（4学时）	1. 能根据工作任务要求，独立制订合理的工作进度计划，并根据小组成员的特点进行分工	制订工作进度计划	工作进度计划	1. 通过小组讨论，确定组员每个人的分工，制订合理的工作进度计划 2. 通过小组讨论，提出工作进度计划表的优化建议，确定优化后的工作进度计划表	1. 巡回指导，引导学生开展小组讨论制订工作进度计划 2. 组织学生提出优化建议，确定最优工作进度计划	填写完整的工作进度计划表	工作进度计划表

续表

学习任务名称		对开夹板的制作				学时	40学时	
序号	学习环节与学时	学习目标	学习步骤	学习内容	学生活动	教师活动	学习成果	学习资源
2	学习环节二：确定加工步骤（4学时）	2. 能通过小组合作方式，编制对开夹板加工工艺方案，在讨论过程中尊重他人，认真听取他人想法，进行有效的沟通与合作 3. 能展示小组编制的对开夹板工艺方案，阐述加工工艺确定的理由与依据 4. 能充分听取他人意见或建议，完善或改进工艺方案 5. 能正确填写对开夹板加工工艺过程卡	编制对开夹板加工工艺	编制对开夹板加工工艺	1. 查阅信息页，通过小组讨论的方式，编制对开夹板加工工艺方案 2. 选派小组代表展示本组制定的对开夹板加工工艺方案，并阐述加工工艺确定的理由与依据 3. 结合各小组提出的改进建议及加工工艺方案，优化并完善本组的对开夹板加工工艺方案	1. 教师引导学生开展小组讨论并制定对开夹板加工工艺方案 2. 组织各小组进行展示汇报制定的对开夹板加工工艺方案 3. 引导小组优化并完善对开夹板加工工艺方案	对开夹板加工工艺方案	1. 对开夹板图样 2. 信息页
			填写对开夹板加工工艺过程卡	对开夹板加工工艺过程卡	根据确定好的对开夹板加工工艺方案，小组讨论完成对开夹板加工工艺过程卡的填写	巡回检查学生对开夹板加工工艺过程卡的填写是否正确	填写完整的对开夹板加工工艺过程卡	信息页
3	学习环节三：加工准备（2学时）	1. 能通过查阅信息页等资料，识别砂轮机的结构，获取砂轮机的操作方法及操作时的安全注意事项 2. 能通过查阅信息页等资料，正确认识麻花钻及其几何角度，安全规范地操作砂轮机刃磨麻花钻 3. 能选择合适的检测工具，测量并判断麻花钻切削角度的合理性	认识砂轮机	砂轮机的结构、操作方法及操作时的安全注意事项	通过查阅资料，小组讨论获取砂轮机结构、操作方法及操作时的安全注意事项	巡回指导学生查阅资料，获取砂轮机相关信息	砂轮机操作方法	1. 砂轮机操作视频 2. 信息页
			认识麻花钻	麻花钻的结构及刃磨方法	1. 查阅信息页，获取麻花钻结构的相关信息 2. 观看麻花钻刃磨视频，掌握麻花钻刃磨时操作技术要点及安全注意事项 3. 通过查阅信息页等资料，选择合适的检测工具，测量并判断麻花钻切削角度的合理性	1. 引导学生获取麻花钻结构的相关信息 2. 播放并组织学生观看麻花钻刃磨视频，讲解麻花钻刃磨时操作技术要点及安全注意事项 3. 引导学生选择合适的检测工具，测量并判断麻花钻切削角度的合理性	麻花钻刃磨要点	1. 麻花钻刃磨视频 2. 信息页

续表

学习任务名称		对开夹板的制作				学时	40 学时	
序号	学习环节与学时	学习目标	学习步骤	学习内容	学生活动	教师活动	学习成果	学习资源
4	学习环节四：制作对开夹板（22 学时）	1. 能依据加工步骤，独立确定对开夹板加工过程所使用的工量刃具，并完成工量刃具的领取、校验，做好加工前的场地及设备准备工作 2. 能根据对开夹板图样，通过划线、锯削、锉削等操作完成对开夹板外轮廓的加工 3. 能根据对开夹板图样，正确划出沉孔、螺孔和通孔位置加工线 4. 能通过查阅信息页等资料，确定螺孔的底孔直径 5. 能根据对开夹板图样，应用台式钻床完成通孔、螺纹底孔和沉孔加工；能应用丝锥和铰杠完成 M8 内螺纹的手动加工 6. 能在加工过程中选用合适的量具，适时检测，控制对开夹板的尺寸精度，保证加工质量 7. 能选用合适的工具，并根据装配图要求正确装配对开夹板 8. 能按照车间“7S”管理规定及环保管理制度要求，独立完成工量刃具放置、现场整理和设备保养	领取工量刃具和毛坯	工量刃具和毛坯的领取与检查	1. 学生穿戴好工作服，牢记钳工实训车间安全操作规程 2. 通过小组讨论，完成对开夹板工量刃具清单的填写，并根据清单内容完成工量刃具的领取、校验 3. 领取对开夹板毛坯，并检查毛坯外形尺寸 4. 以小组合作方式完成对开夹板加工前场地和设备的准备工作	1. 检查学生工作服穿戴是否整齐，强调钳工实训车间安全注意事项 2. 组织学生填写制作对开夹板所需的工量刃具清单并完成工量刃具的领取、校验 3. 发放对开夹板毛坯，并组织学生检查尺寸 4. 指导并检查学生对开夹板加工前场地及设备的准备情况	1. 填写完整的场地、设备使用申请表 2. 填写完整的工量刃具清单	1. 钳工实训车间安全操作规程 2. 工量刃具清单
			制作对开夹板	1. 检查毛坯尺寸 2. 锉削方料 3. 锯、锉夹板头部 30°斜面 4. 划通孔、螺孔和沉孔位置线 5. 孔加工 6. 攻螺纹 7. 装配对开夹板 8. 记录加工过程中遇到的问题	1. 检查毛坯尺寸 2. 锉削夹板 A 毛坯、夹板 B 毛坯成 17 mm×17 mm×120 mm 的方料 3. 锯、锉夹板头部 30°斜面 4. 划通孔、螺孔和沉孔位置线 5. 孔加工 6. 攻螺纹 7. 装配对开夹板 8. 记录对开夹板加工过程中遇到的问题，小组讨论，分析问题的产生原因、预防措施与改进办法	1. 引导学生检查毛坯尺寸 2. 引导学生锉削夹板 A 毛坯、夹板 B 毛坯成 17 mm×17 mm×120 mm 的方料 3. 引导学生锯、锉夹板头部 30°斜面 4. 引导学生划通孔、螺孔和沉孔位置线 5. 引导学生进行孔加工 6. 引导学生攻对开夹板螺纹 7. 引导学生装配对开夹板 8. 引导学生记录对开夹板加工过程中遇到的问题，指导学生讨论分析问题的产生原因、预防措施与改进办法	制作完成后的对开夹板实物	1. 对开夹板制作视频 2. 问题记录单

续表

学习任务名称		对开夹板的制作				学时	40学时	
序号	学习环节与学时	学习目标	学习步骤	学习内容	学生活动	教师活动	学习成果	学习资源
4	学习环节四：制作对开夹板（22学时）	9. 能在作业过程中严格执行企业操作规范、安全生产制度、环保管理制度以及“7S”管理规定，具有吃苦耐劳、爱岗敬业的工作态度和职业责任感	清理现场，归置物品	1. “7S”管理制度 2 设备、工具、量具的维护与保养	1. 对钻床、台虎钳进行清扫和维护保养 2. 对使用的工量刃具进行清理和归置 3. 对钳工实训车间进行清扫整理	1. 指导并检查学生对钻床、台虎钳进行清扫和维护保养 2. 指导并检查学生对使用的工量刃具进行清理和归置 3. 指导并检查学生对钳工实训车间进行清扫	1. “7S”场地、整理好的设备 2. 清理并归置后的工量刃具	1. 钻床、台虎钳保养手册 2. 实训车间整理要求
5	学习环节五：零件检测与加工质量分析（4学时）	1. 能根据对开夹板检测要素，正确领取检测量具并校验 2. 能按产品质量检验单要求，规范、熟练地应用游标卡尺、千分尺、刀口尺、刀口形直角尺、表面粗糙度比较样块等量具对对开夹板进行加工质量检测 3. 能依据对开夹板的测量结果，独立对产生的质量问题进行分析，优化加工方案	领取检测量具	检测量具的领取	1. 分析零件检测要素，通过小组讨论填写对开夹板检测要素及量具表 2. 根据表中量具规格领取量具	1. 指导并检查各小组填写对开夹板检测要素及量具表 2. 组织各小组领取量具	填写完整的对开夹板检测要素及量具表	对开夹板检测要素及量具表
			检测对开夹板	1. 百分表的应用 2. 游标万能角度尺的应用	1. 根据对开夹板检测项目与技术要求表，正确使用量具对对开夹板特征尺寸、表面粗糙度、几何公差进行检测 2. 在对开夹板检测项目与技术要求表中填写检测记录并进行评分	1. 巡回指导各小组对对开夹板零件进行检测 2. 检查各小组对开夹板检测项目与技术要求表中内容是否填写正确	填写好检测记录的对开夹板检测项目与技术要求表	对开夹板检测项目与技术要求表
			分析加工质量	对开夹板加工质量分析	1. 各小组代表汇报展示检测结果，小组讨论分析不合格项目产生原因，并提出预防与改进措施 2. 完成对开夹板加工质量分析表的填写	1. 组织各小组汇报对开夹板零件检测结果，引导各小组讨论分析不合格项目产生原因，以及如何预防和解决 2. 组织各小组完成对开夹板加工质量分析表的填写	填写完整的对开夹板加工质量分析表	对开夹板加工质量分析表

续表

学习任务名称		对开夹板的制作				学时	40学时	
序号	学习环节与学时	学习目标	学习步骤	学习内容	学生活动	教师活动	学习成果	学习资源
5	学习环节五：零件检测与加工质量分析（4学时）	4. 能按照保养规范要求，独立完成游标卡尺、千分尺、刀口尺、刀口形直角尺、表面粗糙度比较样块的维护与保养	保养及归还量具	量具的维护与保养	能根据量具保养要求，对使用的量具进行保养和归还	指导学生阅读量具保养要求，对量具进行保养和归还	填写完整的量具保养记录表	量具保养记录表
			交付产品	产品交付步骤	填写对开夹板零件交付记录单，将合格产品进行包装并交付	指导、检查学生正确填写对开夹板零件交付记录单，并完成合格产品的包装及交付	填写完整的对开夹板零件交付记录单	对开夹板零件交付记录单
6	学习环节六：工作总结与评价（4学时）	1. 能独立完成成果汇报，按分组情况展示作品，使用专业术语讲述任务完成情况 2. 能记录其他小组对作品的评价和改进建议，独立总结工作经验，优化加工策略 3. 能结合对开夹板制作完成情况，独立撰写工作总结，并进行成本估算 4. 能按照“对开夹板的制作”学习任务考核表完成综合评价	展示与评价作品	1. 作品展示与评价 2. 缺陷原因分析	1. 在教师指导下，以小组合作方式制作PPT，并选派代表进行汇报 2. 记录其他小组对本组作品的评价和改进建议，总结工作经验，优化工作策略	1. 引导学生完成成果展示和汇报 2. 对各小组作品给出评价和建议，并组织学生总结工作经验	汇报PPT	—
			总结工作经验	1. 工作总结方法 2. 加工策略优化	结合对开夹板完成情况，以小组合作方式撰写工作总结	讲解撰写工作总结的方法与要求	工作心得体会	—
			估算成本	成本估算方法	结合对开夹板完成情况，以小组合作方式进行成本估算	讲解成本估算方法	填写完整的对开夹板制作成本估算表	—